本成果受到中国人民大学2020年度“中央高校建设世界一流大学（学科）和特色发展引导专项资金”支持

城市建成环境与交通出行：理论与实践

Urban Built Environment and Travel Behavior: Theory and Practice

杨励雅　著

中国建筑工业出版社

图书在版编目（CIP）数据

城市建成环境与交通出行：理论与实践 = Urban Built Environment and Travel Behavior : Theory and Practice / 杨励雅著. —北京：中国建筑工业出版社，2021.5

ISBN 978-7-112-26104-8

Ⅰ. ①城… Ⅱ. ①杨… Ⅲ. ①城市规划—环境设计—关系—交通规划—研究 Ⅳ. ①TU984.1 ②TU984.191

中国版本图书馆CIP数据核字（2021）第073440号

城市建成环境是决定居民交通出行的重要根源性因素，厘清二者之间的互动机理，是从根源上缓解大城市交通拥堵、优化大城市土地利用的关键。针对当前该领域研究的焦点、争议和矛盾所在，本书系统考虑样本异质性问题、可变面积单元问题、居住自选择问题等影响“建成环境—交通出行”关系的核心要素，建构建成环境与出行行为关系的理论与方法体系，剖析建成环境与出行行为的内在因果机制与演变规律，并据此提出建成环境与交通出行的综合优化策略。

本书内容包括相关基础理论综述，出行链视角下的城市建成环境与居民出行行为，个体多维选择视角下的城市建成环境与居民出行行为，考虑出行目的和可变面积单元问题的城市建成环境与居民出行行为，出行态度、建成环境与居民出行行为的因果机制，城市建成环境和城市交通的综合优化策略。全书立足理论与方法的创新，强调人文地理学理论、心理学理论和交通出行建模技术的有机融合，力图为完善建成环境与交通出行领域理论与方法体系作出有益贡献；注重与实践的紧密结合，选取国内外典型城市作为实证研究对象，以期为协调建成环境和城市交通关系、促进绿色出行模式提供决策依据。

本书研究对象为城乡发展规划、公共管理与人文地理的交叉领域，因此本书可供上述专业的高校师生阅读，对于促进学科融合、培养跨学科系统思维具有积极意义。本书还可供城市交通规划、城市规划与建设管理领域的科研工作者和管理人员参阅。

责任编辑：焦　扬
责任校对：李欣慰

城市建成环境与交通出行：理论与实践
Urban Built Environment and Travel Behavior : Theory and Practice
杨励雅　著
*
中国建筑工业出版社出版、发行（北京海淀三里河路9号）
各地新华书店、建筑书店经销
北京点击世代文化传媒有限公司制版
北京建筑工业印刷厂印刷
*
开本：787毫米×1092毫米　1/16　印张：13¾　字数：222千字
2021年5月第一版　2021年5月第一次印刷
定价：**58.00**元
ISBN 978-7-112-26104-8
（37695）

目录

第 1 章 绪论

1.1 研究背景

随着城镇化和机动化的持续快速发展，交通拥堵问题成为制约我国大城市可持续发展的瓶颈。据我国相关部门统计，2018 年我国 15 座大城市居民每天的工作出行时间比欧洲发达国家多消耗 28.8 亿 min，造成的时间损失每天近 9 亿元人民币。提倡公共交通、自行车和步行等绿色出行行为，成为缓解大城市交通拥堵、降低大气污染水平的现实选择。2016 年北京和上海的新版城市总体规划提出，至 2035 年公共交通、自行车、步行等绿色出行比例不低于 80% 的目标；2019 年，交通运输部等多部委联合印发《绿色出行行动计划（2019—2022 年）》，将提高公共交通、慢行交通等绿色出行水平作为深入贯彻党的十九大关于绿色发展理念的重要战略部署。

通过优化城市建成环境，打造高密度、混合的土地模式，以促进居民出行向绿色出行转变，是国内外常用的交通规划策略。例如，美国的“新城市主义”“公交导向开发模式”（transit-oriented development，TOD）、欧洲的“紧凑发展”理念以及近年来我国的“窄路密网”发展模式，均提倡通过高密度发展、土地混合利用以及公共交通高可达性来减少小汽车使用并促进绿色出行。

上述绿色出行促进政策的有效性必须建立在“建成环境—出行行为”关系机理的精准把握之上，需要施策者精准把握建成环境与出行行为的关联机制。近几十年来，建成环境与交通出行的关系一直是城市规划、城市地理、交通管理等诸多领域的研究热点，然而丰硕的研究成果对实践的指导意义却十分有限，其原因是“建成环境和出行行为研究领域，不同研究常常得出不同甚至相矛盾的结论”（Stevens，2017）。例如，Ewing 和 Cervero（2010）、

Sun 等（2017）认为高密度混合土地利用能大幅度削减小汽车使用，促进公交、自行车、步行等绿色出行；Maat、Norland 和 Thomas（2007），Mitra（2010），Manville 等（2013）持相反观点，认为“紧凑发展”等策略反而会带来更多的小汽车使用和更长的出行距离；Weber 和 Kwan（2003）、Limanond 和 Niemeier（2004）则认为建成环境对绿色出行行为的影响微乎其微。寻找“研究结论不一致”的原因，并在建成环境与出行行为研究中系统、充分地考虑这些因素，是厘清建成环境与绿色出行行为关系机理、完善二者关系理论与方法体系的关键。一些被学界认可但尚未被充分探究的可能原因包括样本异质性问题、可变面积单元问题、“居住自选择问题”和建模技术。

第一，样本异质性影响“建成环境—出行行为”关系。剖析以往文献资料，或以工作 / 上学为目的的通勤出行为研究对象，或以购物为目的的休闲出行为研究对象，有的则未对出行目的加以区分。因此，可提出合理假设：建成环境与出行行为之间的关系可能受到出行目的的影响。然而这一影响的具体机制仍缺乏深入剖析和实证。此外，不同细分方式因活动尺度不同对建成环境的依赖程度也可能具有差别。从出行方式、出行目的等不同维度细分样本，检验建成环境对不同样本的影响，将有助于厘清当前的研究争议。

第二，可变面积单元问题（the modifiable area unit problem，MAUP）影响“建成环境—出行行为”关系。MAUP 是指由于空间数据聚合的空间尺度和标准不同而导致分析结果不同的问题（Openshaw，1984）。对 MAUP 的研究主要集中在统计学和地理学领域，在建成环境与交通出行研究中通常被忽视。考虑 MAUP 问题，并结合出行目的细分，寻找各细分行为与建成变量空间尺度的关联规律，也应作为未来研究的方向之一。

第三，建成环境与出行态度之间存在深刻互动关系。一方面，人们会基于自身对某种出行方式的态度和偏好来选择居住社区类型，即著名的“居住自选择效应”（出行态度→建成环境）；另一方面，人们也可能根据周边建成环境调整其出行态度，即“出行态度自适应调节效应”（建成环境→出行态度）。两类效应的强度大小，决定建成环境和出行态度在影响绿色出行行为中的相对重要性。可见，出行态度是建成环境与出行行为关系的重要调节变量，研究出行态度、建成环境和出行行为之间的相互作用，是理解建成环境与出行行为因果机制的关键。

第四，以单次出行为分析单元向以出行链为分析单元的转变，影响“建成环境—出行行为”领域的研究范式和研究结论。以出行链为分析单元，分析居住地以及中途活动地点的建成环境特征对居民一日出行活动链的影响，是丰富和完善“建成环境—出行行为”领域理论体系、厘清当前研究争议的重要手段。

第五，建成环境与出行行为的建模技术是精准识别二者关系机制的重要条件。目前出行行为领域常用的建模技术有多项 / 有序 Logit 模型、分层 Logit 模型、分层线性模型等。然而，由于空间相关性的存在，备选方案之间、因变量（或模型误差项）在邻近区域及相似区域不再相互独立，上述传统模型无法刻画空间相关性，易导致估计结果的偏误。设计并求解能够刻画各类空间相关性的模型结构也是该领域的研究重点。

1.2　本书框架

针对国内外“建成环境—交通出行”领域研究和实践的焦点、争议与矛盾所在，本书系统考虑出行链、出行目的、MAUP、出行态度等要素对建成环境与出行行为关系的影响，力图揭示城市建成环境和交通出行行为关系的内在机理和演变规律，旨在促进完善“建成环境—交通出行”领域理论体系，以及提升建成环境促进绿色出行政策有效性。

本书中“建成环境”“出行态度”“出行行为”等概念的界定遵循国际惯例。其中，“建成环境”指个体居住或主要活动地点的土地利用、城市设施和交通网络特征，采用国际通行的 6D 定义法，包括密度（density）、混合度（diversity）、交通网络设计（design）、公共交通邻近度（distance to transit）、目的地可达性（destination accessibility）、距中心距离（distance to city center）；“出行态度”主要指出行者对交通出行方式的态度与偏好，也包含出行者对环境保护、公众健康等的意识；“出行行为”是指包含出行方式、出行距离、出行频率和出发时刻等维度的交通活动与特征。

本书的主要内容安排如下。

（1）国内外研究综述。从研究现状和发展趋势两方面，系统介绍建成环境与交通出行领域的研究进展，为本书的写作重点提供参考。"研究现状"重点介绍建成环境的内涵与测度方法、建成环境与交通出行的理论基础；"发展趋势"从出行链、MAUP 和建成环境与交通出行的因果机制等方面，论述国外相关研究的前沿方向。

（2）出行链视角下的城市建成环境与居民出行行为。以出行链为分析单元，利用分层 Logit 模型探索出行链与出行方式的选择次序；在此基础上，利用结构方程模型，重点分析城市建成环境与出行链主要交通方式以及出行链中途活动地点个数的关系机制。

（3）个体多维选择视角下的城市建成环境与居民出行行为。将居民居住选址"嵌入"居民多维选择活动中，采用改进的 Logit 模型，刻画居民居住选址、出行方式选择和出发时刻选择的多维联合选择机制，解析建成环境、出行方式和出发时刻之间的内在关联。

（4）考虑出行目的和可变面积单元问题的城市建成环境与居民出行行为。按工作出行、生活出行、娱乐出行等出行目的细分样本，并考虑可变地理单元问题中的尺度效应和区间效应；检验不同出行目的、不同尺度与区间下建成环境与出行行为的关系，拓展建成环境与出行行为研究体系，以期澄清当前研究中存在的争议。

（5）出行态度、建成环境与居民出行行为的因果机制。基于"居住自选择理论"和"认知失调理论"，研究出行态度对建成环境与出行行为关系的调节作用。基于多时点面板数据，运用交叉滞后面板模型和潜在类别转换概率模型，探索出行态度、建成环境和出行行为之间的因果机制和动态演变趋势。

（6）城市建成环境和城市交通的综合优化策略。基于前述理论研究成果，从"硬策略"和"软策略"两个方面，分析建成环境和交通出行的综合优化策略。"硬策略"通过优化建成环境促进绿色出行，主要包括公交导向开发模式、"窄路密网"规划模式、"紧凑型城市"发展理念；"软策略"通过改变居民出行态度促进绿色出行，主要包括绿色交通活动策划、"个性化"绿色出行定制等。

第 2 章　国内外研究综述

本章从研究现状和发展趋势两方面，系统介绍建成环境与交通出行领域的研究进展，为本书的写作提供必要参考，为后文研究奠定基础。其中，“研究现状”重点介绍建成环境的内涵与测度方法、建成环境与交通出行的理论基础；“发展趋势”从出行链、MAUP 问题和建成环境与交通出行的因果机制等方面，论述国外相关研究的前沿方向。

2.1　国内外研究现状

2.1.1　建成环境的内涵与测度

建成环境是城市规划、城市地理、交通运输、公共管理等学科共同关注的研究对象。广义而言，建成环境（built environment）是与自然环境相对的概念，它指代一切可以被人类干预、建设与改造的人造环境系统（Handy et al.，2002）。它是交通系统、土地利用、空间设计、各类城乡建筑、公共或私有设施等一系列要素的空间组合（Frank et al.，2005）。从尺度上而言，建成环境则可分为针对城市群或城市带的宏观领域、针对城市与城区的中观领域，以及社区与建筑的微观领域。

由于建成环境本身内涵的复杂性、学科切入点的多样性以及应用标准的缺乏，当前研究对建成环境的理论探索与变量化操作呈现出一种碎片化特征。不同研究关注建成环境的不同要素，且采用的测度标准各不相同。从学术研究的角度，目前建成环境概念化与变量化的操作方式主要有三种。

第一种是按照建成环境的主要内涵分类。例如，Handy 等（2002）在一项社区交通出行研究中指出，建成环境应该通过土地使用模式、交通系统和美学设计三大要素加以评价。Brownson 等（2009）研究建成环境与体力活动的关系时，将空间功能、目的地、美学和安全作为社区建成环境的主要维度。可见，在这种以内容为导向的分类结构下，建成环境是交通网络、土地利用、城市安全、美学设计、城乡设施等要素构成的空间系统总和。在更为细分的研究下，交通网络可以通过交通连通度，以及主路、支路及断头路比例来表征（Mitra et al.，2012）；土地利用可采用街区数量或土地利用多样性等指标描述；安全包括远离犯罪活动的、社会维度的生活安全，如对公共建筑等公共空间的安保、街道的照明与“街道眼”对犯罪活动的抑制等，也包括物理维度的交通出行安全，如安全的十字交叉路口、自行车道与人行道的安全性能（Lee et al.，2017）；美学设计指人们从行为空间环境感知到的吸引力，具体可以包括公园绿地密度、人行道周边的绿植设置、户外空间设计以及城市垃圾处理等指标（Buck et al.，2015）；城乡设施则可以由到学校、医院、就业中心、交通节点等各类日常设施的可达性来衡量（Moudon et al.，2005）。

第二种测量方式是按照建成环境要素的维度分类，即最广泛使用的5D方法，由于这种操作结构简约、精炼且完备，它已经成为目前实证研究中讨论建成环境问题最为常用的概念化方式。20世纪末，Cervero和Kockelman（1997）在详实的研究综述基础上，总结出建成环境的三大元素，即密度（density）、多样性（diversity）与设计（design），称作3D模型。之后，Ewingt和Cervero（2010）在3D模型的基础上，加入了目的地可达性（destination accessibility）以及到公共交通站点距离（distance to transit）两个维度，形成经典的5D模型。虽然5D模型在某些研究语境下（如发展中国家或乡村空间）的适用性有待讨论，但正如Ewing和Cervero（2010）所说，考虑目前的研究进展，仍然没有能够超越5D模型来描绘建成环境的建模方式。尽管从5D角度出发解析建成环境对交通出行的影响结论上存在差异，但全球各地的实证研究都认同建成环境的5D要素与出行行为存在相关性。需要指出的是，Næss（2015）发现与市中心距离（distance to city center）对出行行为的影响也十分显著，之后包含了“与市中心距离”指标的6D模型开始被广泛使用。

第三种测量方式是聚焦问题导向下的代理变量选取。例如，环境步行友好是目前诸多欧美国家所倡导的规划原则之一，在研究步行行为时，有的研究直接采用可步行性指数（walkability）（Frank et al.，2006）、社区环境步行性量表（neighborhood environment walkability scale）、街道智慧行走分数（Winters et al.，2015）等代理建成环境，并纳入人行道评估质量、路边座椅设计与分布、垃圾桶密度、公共空间特征等特殊变量（Rodríguez et al.，2009）。在研究绿色出行行为中的骑行方式时，可将自行车道的设计、空间分布、使用方便程度等纳入考虑范围（Winters et al.，2010）。另外，有的研究关注特定人群，如机动性较差的老年人，选择把室内的适老化程度也作为建成环境的重要指标之一（Moudon et al.，2005）。

2.1.2　建成环境与交通出行的理论关系

长期以来，建成环境（空间结构）与出行行为的关系是城市研究与交通研究领域的核心问题之一。建成环境与出行行为关系背后主要涉及“空间中人的行为方式”“土地利用与交通”这些根本性的讨论。伴随着理论研究与实践探索的不断深入，这一课题从单纯研究人的行为背后的个体机制，到将行为放到更大的空间社会结构背景下加以考察；从单纯探索建成环境对出行行为的约束，到将主观选择、偏好态度等个体主动性特质与约束分析相结合。

最早从理论上将建成环境与出行行为联系起来的观点来自于微观经济学领域。20 世纪 50 年代以来，“理性行为论”的逻辑前提是“个体效用最大化”，认为个体的出行方式选择主要取决于交通成本。由于建成环境与空间结构能够改变出行成本，从而会对出行行为产生限制性的作用（Boarnet et al.，2001；Boarnet et al.，1998），即交通出行行为主要受制于区位机会。在这类早期研究中，交通并非是出行的主动行为选择，而是代表一种衍生需求，是为了到达出行目的地而产生的一种被动行为。因而一个理性的“交通人”应最大限度地追求交通时间和出行距离的最小化。在微观经济学视角下，“交通人”具有同质性，即他们对空间约束的认知是一致的，空间影响下“交通人”的出行特征也是稳定的。

20 世纪 70 年代初期，为应对短期交通需求管理政策制定的需要，一种新的建模方法，即“活动分析法”（activity-based approach）开始得到广泛应用。“活动分析法”以理解个体在时空与环境约束下的行为变化为理论目标，分析在一系列“活动”背景下的出行结构，它是研究居民日常活动规律的“人类活动分析法”（human activity approach）在交通出行行为领域的具体应用。“活动分析法”认为对人的出行行为的研究离不开对人的活动结构的研究，从而将居民活动与由活动派生而来的空间移动（mobility）结合起来进行综合分析，将微观的活动链与出行链、宏观的活动系统与出行系统统筹考虑，超越了传统交通研究中“就出行论出行”的缺陷。

瑞典地理学家哈格斯特朗及其领导的隆德大学研究小组提出的时间地理学（time geography）是“活动分析法”的关键理论突破之一。时间地理学拓展了建成环境与交通出行关系的地理学分析基础，他们提出的一套路径（path）、可达范围（reach）、时空棱柱（prism）与路径束等特色概念，为个体活动与交通出行分析提供了新思路。然而，该学派的主要观念乃至“活动分析法”的研究取向，仍然没有跳出理性决策行为分析的框架——它们仍然将交通看作派生需求。根据时间地理学的理论分析假设，所有人的活动都离不开空间范围的位移，而空间的容纳能力是有限的，人的时间也是有限的，并且空间组织方式在一定时间范围内是固定的，在空间内的移动要消耗时间。因此，在时间地理学的推论下，出行行为本身必然受到时间、空间、城市功能结构的共同约束（Hägerstraand，1970）。建成环境一方面决定了个人出行的空间可达范围，另一方面决定了不同环境下的活动机会供给，因而，只有当出行个体的时间预算、空间可达范围与目的地的时空约束相契合时，出行的期望才会最终实现。

20世纪80年代以来，交通出行研究开始向注重主体性的“行为主义”转变。如果说时间地理学仍然围绕着时空制约条件进行行为的客观分析，那么行为地理学则关注时空制约与个体主观选择之间的辩证关系，强调从人的内心世界展开分析。在这一“转向”之中，传统的地理环境决定论、效用理论与时间地理学因为忽视个人偏好与出行决策的复杂性而受到了较多批评（Talvitie，1997）。研究者发现，人们并非简单追求零距离通勤，相比于最大限度地压缩通勤时间，16min的通勤被认为更合适且符合人的偏好（Mokhtarian，2019）。人们并非简单地厌恶因交通出行而浪费掉的时间与精力，他们可能由于“速度的感觉”“控制运动的能力”“沿途风景的享受”等各种原因而享受出行的过程（Mokhtarian et al.，2001）。更为重要的是，传统理论无法解释以下现象：

为什么建成环境对绿色出行有正向影响，但在绿色出行友好的环境下，人们仍然不选择步行或者自行车出行；具有相同或相似经济社会属性或居住建成环境的个体，为什么出行行为迥异。

在这种理论批判的潮流中，行为心理学与环境心理学等逐渐被引入交通出行行为的研究中。新的研究不再满足于传统交通地理对空间与人关系的简化，它们倡导挖掘人的主体性在出行决策中的作用，认为人主观形成的空间意象地图、人内心对环境的感受等主观要素与传统研究中的客观建成环境空间同等重要。交通出行不再意味着理性行为人被动的选择，而是个体主动选择的复杂决策结果。客观描述的建成环境不再是个体出行的唯一决定要素，个体差异性、个人的主观认知、环境感知、人们的态度与期望、居住与交通的偏好、习惯的形成等，都成为解释出行背后机制的重要因素。这些主观要素为交通出行行为带来高度的不确定性。交通行为不仅受到环境客观特征的影响，也受到个体对这些空间特征的主观评价的影响。

林奇（2001）在《城市意象》中提出的“城市意象理论”是环境心理学的代表性理论，该理论认为个体首先会注意到环境中的路径、边缘、区域、节点和地标五个重要标志节点，在此基础上逐渐形成一套心理地图，从而实现空间环境的内化。个体的环境认知是其行为决策的信息基础，客观的建成环境通过影响个体的主观感知从而对出行行为产生实质影响（Troped et al., 2016）。与之类似，Golledge（1978）的“锚点理论”也用于描述个体的空间认知过程，个体会首先寻找“主要节点”，然后逐步探索“次要节点”以及节点间的交通路线，最终形成一种以居住、就业为核心的中心空间扩散开的具有等级性质的空间认知。可以说，人对空间环境的认知不仅是环境本身刺激个体感官的产物，也是受到个人生活经验、理解能力、关注对象、预期环境目标等影响的主观构建过程。

然而，对环境的认知并不能直接用于解释和预测交通行为，从环境认知到最终交通行为之间仍然存在着“缝隙”。弥补这一“缝隙”，需要加强对人们行为意向背后具体机制的研究，即“自选择”与“偏好”。“偏好”，是指行为个体会因他们所认知到的环境属性而形成主观效用，不同部分主观效用集合后会形成一种偏好结构。需要认识到，偏好并非随机分布，它与行为个体过去的生活经历、社会经济状态、行为习惯等息息相关。这意味着每个人在面对同样的空间环境时，他们认知到的环境属性及其主观效用以及出行选项集合都是不同的。从而，“自选择”机制就成为一个关键性问题（Emond et al.，2012）。它不再是简单的相关关系分析，而成为探寻建成环境与出行行为因果机制的关键钥匙。与此同时，研究设计与建模方法的进步为模拟人们交通出行行为背后的复杂机制提供了技术基础。

20 世纪 80 年代的另一个相关理论突破来自社会认知理论与社会网络理论。通过上述理论的梳理可以发现，“微观经济学—行为分析法—时间地理学—行为地理学—行为心理学”这一理论发展脉络，均是将个人作为“非集计分析”的单位，而未能解释个人行为内化于社交网络的机制。个人作为社交网络的节点，社会环境等外部要素对个人行为模式具有重要影响。社会认知理论与社会网络理论补充了这一理论缺口，开始注重个体与家庭乃至社会网络的相互作用对个体行为结构的影响（Bandura，1986）。个人是否组建家庭、家庭内的活动分工、个体社会网络的构成、个体到其他社会网络节点的物理距离等要素，都将影响个体的活动模式与出行行为（Scott et al.，2002）。除了客观存在的建成环境之外，环境感知、“自选择”偏好、社会及家庭环境等其他变量为这一研究主题带来更多的不确定性与学术旨趣。

过去几十年间，不同研究语境下的建成环境与交通出行的相关研究浩如烟海。然而，对这一关键研究问题背后的理论基础直到近十几年来才开始逐渐综合化与系统化。Van Acker 等（2010）试图整合交通出行理论与社会心理学理论，提出交通出行分析的综合框架与概念模型，如图 2-1 所示。在这一模型中，交通出行行为、一般活动行为、地点与迁居行为、生活方式存在一种阶梯式的关系，前者内化于后者，并且受到后者的深刻影响。在每一个层次中，行为个体的期望、态度、偏好均能对行为方式产生影响，行为习惯与偶发冲动也是解释行为的背后机制。这一系统化的个体行为框架，再次将个体行为内化于社会环境与空间环境的时空机会和时空约束之中。

上述理论框架可以用一个简单的例子进行说明：如果某个人选择安静、保护隐私、空间需求强烈、喜好机动车出行的生活方式，他可能偏好居住在绿化条件更好、房屋面积更大、容积率更低的郊区居住小区。相对于居住在市中心的个体，他的通勤距离与社交距离更大，那么他有更大的可能依赖机动车出行方式。设想另一个人同样追求这种生活方式，但由于无法负担得起郊区高昂的住房成本以及每日过长的通勤时间，在这种个体层面的约束之下，他更可能会住在市中心。

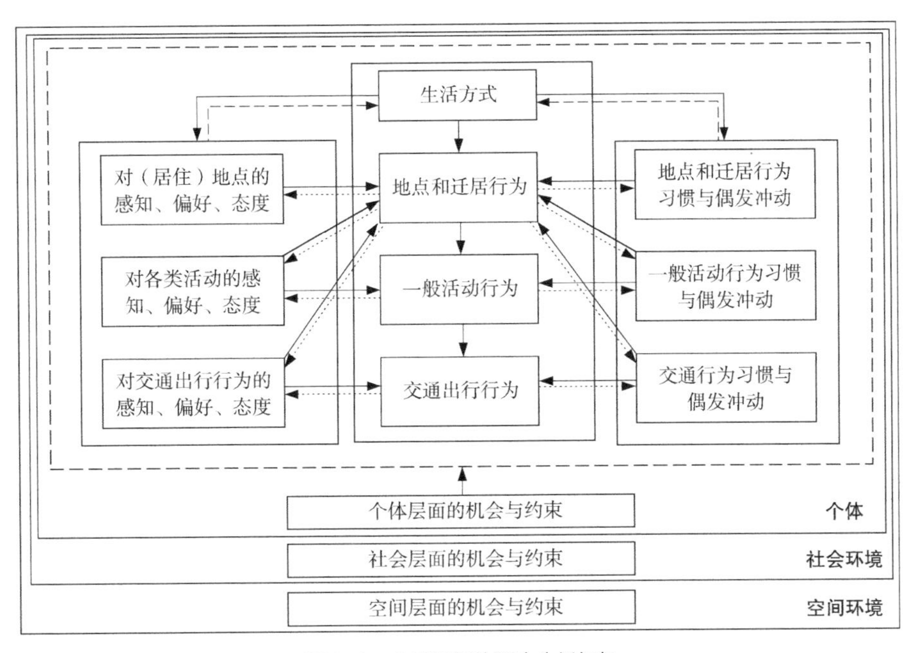

图 2-1　交通出行的理论分析框架

图片来源：VAN ACKER V，VAN WEE B，WITLOX F. When transport geography meets social psychology: toward a conceptual model of travel behaviour[J]. Transport reviews，2010，30（2）: 219-240.

2.2　发展趋势

2.2.1　从“出行”到“出行链”

传统意义上的交通行为分析大多基于单次出行（single trip），描述和解释居民某一次出行的起讫点、交通方式、出行时间等选择行为。然而，这种单次出行的分析方法，其基本假设是每次出行均相互独立且不存在前后联系，因此难以解释复杂的日常生活状态（Bhat et al.，1993）。事实上，居民的一天活动往往由多次前后联系且相互作用的出行行为构成。为了节省时间，居民会根据就业、生活、社交的需要将每日的出行组织成“活动链”或者“出行链”（Strathman et al.，1994），并基于“出行链”各种层面的约束条件来综合选择出行方式（鲜于建川 等，2010）。其中，以工作、上学为目的的固定性活动是“出行链”研究关注的核心要素（Schwanen et al.，2008）。

近20年来，基于单次出行的分析方式逐渐被以“出行链”作为分析单元的活动分析法所取代（Bowman et al.，2001；Primerano et al.，2008）。相比于单次出行的“就出行论出行”，采用“出行链”或者“活动链”分析能更为完整地描述居民日常交通行为结构，更好地服务于交通出行建模。宏观交通模型通常采用“四阶段模型”的集计数据来模拟交通需求，而基于“出行链”的活动分析方法从非集计模型出发，避免了由于数据聚合而带来的偏误，更加精准地研究个人出行决策，从而为交通出行需求预测与管理提供更好的实践指导。

概念上，“出行链”或者“活动链”是指人们为了完成一项或者多项活动，将出行目的按照一定的时空顺序排列所形成的首尾衔接的往返行程。在此基础上，“出行链”的概念联动了“出行方式链”，它是指人们为了完成“出行链”背后的活动需求，选择了一系列相同或者不同的出行方式。

按照出行链中途活动地点的个数，可以将活动链分为“简单链”与“复杂链”。“简单链”是指仅有一个中途活动地点，“复杂链”则涉及一个以上的活动地点。与之相对应，“出行方式链”也常常被分类为单方式出行与多方式出行。一旦出行链途中至少有一次换乘行为，即构成多方式出行链。

早期出行链研究强调个体社会经济属性和家庭成员结构对出行选择行为的影响（Strathman et al.，1994）。例如，女性的出行链复杂程度通常高于男性，机动化程度却低于男性（McGuckin et al.，1999；Zhao et al.，2015）；家庭成员越多，所产生的人均出行链数目越少（Maat et al.，2006）。在家庭结构方面，若家庭中有接送就学儿童的活动需求，则更有可能采用复杂出行链，而当家庭中存在老人、主妇等不参与社会劳动的成员时，复杂出行链的发生概率下降，这是因为日常生活用品购买等家庭活动被其他成员分担（鲜于建川 等，2010）。

个体居住地的区位和社区类型对出行链具有显著影响。在部分西方国家，居住在郊区的居民更倾向于采用复杂出行链（Strathman et al.，1994），这是因为出行距离较长，活动目的地相对分散；居住在市中心的居民每日产生的出行链数目相对更多，且选择简单出行链的概率更高（Krizek，2003）。在北京的一项研究发现了相似的现象，伴随居住地从市中心到城市外缘的扩展，居民选择复杂出行链的概率呈现增加趋势。其中，四环到五环间居民选择多目的出行链最为频繁，且机动化出行程度最高，可见四环到五环的近郊区域面临着最严重的活动—居住不平衡现象，活动目的地的供给矛盾最突出（赵莹等，2010）。

进一步地，直接将建成环境变量纳入出行链及出行方式链中的研究相对较少（Bautista-Hernández，2020；Grue，2020）。以往研究通常着眼于建成环境与单次出行行为的量化关系，那么建成环境要素对个体出行链的影响是否也存在相似的特征？一些探索性质的研究发现人口密度更高的城市区域出行链发生更为频繁（Maat et al.，2006），而土地混合利用程度越高，复杂出行链出现的概率越低（Frank et al.，2008）。Grue 等（2020）在一项最新研究中，利用挪威全域的大样本数据分析建成环境、复杂出行链与机动车出行之间的关系，发现“目的地人口密度”和“居住地到城市中心的距离”是预测复杂出行链和机动车出行的最有利因素。具体地，出行目的地人口密度越高，复杂出行链的发生概率越低；居住地到市中心的距离越远，越有可能选择机动车出行，并降低复杂出行链的发生比。建成环境的其他维度要素对出行链的影响，则因空间区域（城乡）与出行目的（通勤与非通勤）的不同而不同。

从“出行”到“出行链”的学术发展路径，为交通出行领域指明了一个新的研究方向。首先，研究者应该回归“活动分析法”的“初心”，避免“就出行论出行”的简单分析框架，而是要将出行行为放置在更广泛的复杂活动中，探讨建成环境、社会环境对人活动行为乃至交通行为的综合影响。其次，在数据可获得的基础上，优先选用居民活动日志调查数据而非交通调查数据，探索采用 GPS 定位等新的数据方式定位居民活动的时空特质。再次，考虑在不同研究情境及出行链下交通出行方式的约束限制条件。最后，超越简单相关性分析，探索建成环境与出行链之间的因果机制。

2.2.2 建成环境的空间尺度效应

从本质上而言，建成环境与交通出行是探讨空间区域属性对个体行为的影响。这类研究在处理空间尺度时，可能面临两大基础性的方法论难题。其一是由于空间数据聚合的尺度和方式不同而导致系数估计变化的“可变面积单元问题”（MAUP），其二是由于作用于个体行为的空间区域面临时空不确定而导致的系数估计偏误的地理背景不确定问题（the uncertain geographic context problem，UGCoP）。过去 50 年来，MAUP 问题得到了广泛的研究讨论，而 UGCoP 问题在过去 10 年也走向学术前台，它们都呼唤对空间区域属性的更精准测量。

（1）可变面积单元问题（MAUP）

MAUP 是指由于空间数据聚合尺度和聚合标准不同，导致分析结果不同、系数变化的问题。根据数据聚合方式的差别，MAUP 问题分为尺度效应（scale effect）与分区效应（zoning effect），其中尺度效应对应着空间数据聚合范围的大小，分区效应对应空间数据分区方式的差别。存在 MAUP，意味着研究结果可能伴随着地理尺度与分区方式的不同而不稳定。

MAUP 最开始由 Gehlke 和 Biehl（1934）提出，后来由 Openshaw（1984）展开了详细的综述性研究。MAUP 的核心在于确认空间的尺度与分区究竟如何导致研究结论的变化，并形成一套根据研究需求选择最合适的空间尺度的最佳方案。然而截至目前，学者们并没有得到一个完美的答案。Openshaw（1984）指出当数据聚合水平增加时相关系数呈现增加的趋势，而 Clark 和 Avery（1976）等则发现相关系数和回归斜率都没有随着聚合而单调增加。

既有 MAUP 研究主要集中在统计学和地理学领域，分别探讨了空间单元聚合标准，双变量回归模型中的尺度效应（Clark et al.，1976），定量解释地理空间问题时的 MAUP 表现。这些研究均剑指 MAUP 的两大难点：第一，在多变量模型的 MAUP 中，即使能够证明尺度效应与分区效应存在，但它们的影响强度和效果很难精准预测（Fotheringham et al.，1991）；第二，不同尺度和不同分区下空间自相关问题会发生变化，意味着空间自相关会对 MAUP 问题产生影响（Openshaw，1977）。

MAUP已经成为建成环境与交通出行研究领域，乃至城市研究及区域经济研究的前沿问题。Hong等（2014）比较了交通小区（traffic analysis zone，TAZ）和居住地周边1km缓冲区范围建成环境对小汽车出行距离（vehicle mileage travled，VMT）的影响，并发现VMT对TAZ范围内的空间变量更加敏感。Clark发现不同尺度与不同分区下，建成环境影响绿色出行的系数差异很大，步行设施仅在小尺度缓冲区与栅格区下显著（Clark et al.，2014）。Mitra等（2012）考察了MAUP在儿童就学绿色出行中的潜在影响，发现尺度效应更为明显，建成环境变量的方差以及模型拟合度伴随着尺度的增加而降低；虽然分区效应也被证明存在，然而并未总结出有规律的系数变化模式。

总体而言，使用单一地理尺度展开建成环境与交通出行的研究时，应该警惕MAUP导致的估计偏误。上述研究均表明，MAUP高度依赖研究区域特质与具体研究问题，因而应该根据研究需要与事实需求谨慎选择与说明合适的空间分析尺度和研究分区。例如，在研究步行出行时，应该优先选取更小的尺度；伴随着出行方式的可达目的地范围的扩展，研究自行车与机动车出行，则应该相应地扩大研究尺度与分区。另外，需倡导选择非聚合的个体出行数据及相对应的空间聚合数据，尽量避免空间数据与出行数据的空间不匹配问题，提升研究结论的说服力（Clark et al.，2014）。未来研究要进一步深入理解空间尺度效应产生的背后机理与规律。应通过细分出行目的和出行方式，寻找各细分空间行为与建成环境变量空间尺度的关联规律，解释空间尺度效应的发生机理。

（2）地理背景不确定问题（UGCoP）

UGCoP是指在研究个体行为背后的空间影响机理时，纳入模型的空间范围的差异会从根本上影响模型估计的结果。与强调空间数据的聚合方法的MAUP不同，它强调调取数据的空间范围，是研究方法论的错误，也是生态谬误的表现。

UGCoP的出现有两大来源（Kwan，2012）。首先是研究者选取了错误的影响个体行为的空间范围。由于数据获取方便，大量的研究直接将个体所居住的社区当作研究的空间尺度，并以社区范围为界描绘建成环境的各维度变量。然而，居住社区并不涵盖所有对个人行为产生影响的空间。据Basta等

（2010）的调查，超过一半的受访者都表示他们每天92%的活动时间都在社区范围之外，并且人们主观认知的社区边界与客观用于计算建成环境维度的社区边界也不相同。例如，上班途中、工作地点周边、就餐或购物地点的环境均可能对上班族的交通出行产生影响。同一条出行链下不同的活动目的地的密度特征、职住平衡特征、公共交通的可达性和停车场的可获得性，都会影响整条出行链的交通方式（Walle et al.，2006）。对于学生，他们的就学交通方式不仅受到居住社区、就学途中、学校环境等空间变量的影响，更会受到与同辈好友社会交往等非空间要素的作用。

因此，为了最大限度地减少UGCoP的模型估计偏误，理论上应该实事求是地选取真实影响到个体行为的所有空间范围。从这个角度看，用于解决MAUP时常用的选取多个缓冲半径来表征空间尺度的研究方法也是不精确的，因为半径内的空间并非都具有可达性。Oliver等（2007）发现，用不同种类的缓冲区来表征的建成环境对结果会产生相当大的影响。设置基于道路的线性缓冲时，土地利用特征与步行的关联最强，而采用常用的圆形缓冲时则会低估建成环境特征对步行的影响，因为圆形缓冲将那些本不具有可达性，并且与步行无关的空间（如封闭式小区、工业用地）都纳入了模型。

UGCoP的第二大来源是忽略空间影响个体行为的时空动态性。首先，人只能在某一时间点处于某一空间，这种时空地理的动态分布意味着研究者无法仅仅利用一个时间点（展开数据调查的时点）的数据精准评估环境对个体行为的真实影响（Setton et al.，2010），而应该将人的交通出行行为、交通出行时间、他所在的地理空间联动起来考虑。另外，需要认识到建成环境对交通行为的影响并非一成不变。伴随着人口流动、居住迁移、城市环境的变化，人们受到环境影响的程度可能会随着时间而改变。更进一步地，空间对行为的影响甚至存在一种滞后效应，人们过去的时空经历在行为习惯的影响下，也会形塑个体当下的行为模式。

这些要素都导致了解决UGCoP的困难。如果说影响行为的真实空间范围边界是模糊的、因人而异的且具有时空动态性的，那么如何开展研究才能得到稳健的结果，如何审慎判断空间与行为之间的相关关系与因果关系？近些年学者们提出了不同的研究方法，减缓UGCoP对研究结论的干扰。首先，可以通过让受访者佩戴 GPS 装置，准确衡量人们连续的时空路径与空间暴露的瞬时性，描绘完整的出行链与活动。这样既可以避免主观回答的偏差，也能够更加精准地探测影响行为的真实地理背景（Carlson et al.，2015；Dill，2009；Houston，2014）。其次，为了识别个人社交网络、社会互动等影响交通行为的非空间变量，将社会网络分析（social network analysis，SNA）方法与 GPS 手段相结合是一个可能的发展方向（Mennis et al.，2011）。另外，建设一个整合建成环境的时空动态性与个人的时空轨迹的分析框架是很有必要的，这样能够准确评估人们在空间中的暴露水平（Gulliver et al.,2005）。最后，采用各种方式的稳健性（敏感性）分析，保证研究结论的稳健。

当然，以 GPS 为代表的大数据分析也具有一定弊端。GPS 在室内数据的采集上存在劣势，并且数据量的庞大也使得研究样本只能控制在较小范围。作为替代性的方法，需要倡导在调查研究阶段使用活动日记调查而非交通调查，使用“出行链”“活动链”而非“出行”来更加全面地反映人的行为活动（Handy et al.，2002），从而推进对 UGCoP 的认知，进一步找寻解决 UGCoP 的研究方法，用动态的研究替代静态的研究，用时空动态的观念替代传统的空间观念。

2.2.3　建成环境与交通出行的因果机制：出行心理的引入

在城市交通研究领域，新实证主义范式在很长一段时间内占据主导地位。大量的研究通过集计数据或微观非集计数据观察建成环境与交通出行两者之间的“相关性”，而缺乏对“因果机制”的反思（Næss，2015）。研究者们通常在建模时纳入一系列的控制变量，包括人口学变量、社会经济变量等，试图分析在这些所谓控制变量保持不变的前提下，建成环境的变化将会如何影响出行行为。

然而，一个关键的学术问题在于，个体的居住地与就业地等建成环境并非内生变量，这将导致模型内生性及估计偏误。过去 10 年以来，越来越多的文献通过各种新的计量方法探讨建成环境影响交通出行背后的“因果机制”。从广泛的社会科学方法论出发，研究者总结了因果关系背后的四大要素：统计相关性、无干扰变量、存在时间先后顺序的因果变量、存在因果链条的理论（Singleton et al.，2005）。然而，在公共管理领域，特别是涉及各类政策评估的研究项目中，往往由于单纯依赖调查且缺少严谨的实验条件，难以同时满足以上四大要素。因此，“准实验”“自然实验”等牺牲内部效度的研究方法被广泛应用。更聚焦地看，在建成环境与出行行为的因果机制研究中，由于纵向数据的缺失等各种严格的条件限制，往往只限定于前两大“因果关系”，即相关性和无干扰变量两项确认标准。

由于纵向交通调查数据或活动数据的可获得性较差，在既有实证研究中，普遍将控制个体的出行心理作为找寻“建成环境—交通出行”之间因果链条的关键机制。其中，有三种心理机制尤为重要：首先是行为个体对环境的主观感知；其次是个体对交通出行、一般普通活动、居住环境的偏好，即“自选择”机制；最后是出行行为心理学的解释框架。需要注意的是，这三种机制并非分别影响出行行为，它们之间相互联系，共同作用于个体交通出行决策。例如，主观环境感知就与个体住房和出行的“自选择”偏好态度息息相关。

（1）环境主观感知

在社会认知论、社会生态学等相关理论框架的指导下，一些有关出行个体的主观环境认知变量被引入交通出行分析模型中。环境主观感知主要用于测评主观建成环境，它适用于“5D”等常用的客观建成环境评估框架，包括可达性、方便性、安全性、舒适性、美学设计等评价维度。越来越多的研究通过电话调查、问卷调查、二手数据等各种方式收集微观数据，以研究出行者的心理参数与心理感受。

这类变量非常重要，因为不同的社会经济群体在同样的建成环境下可能有相异的主观感觉（Titze et al.，2008）。Gebel 等（2009）的研究结果表明，那些收入较低、教育水平相对较低，并且超重的成年人在可步行性较好的环境中更容易给出负面的评价（Gebel et al.，2009）。经常锻炼的与体育运动不活跃的人群，男性与女性，在认知“交通速度”“交通障碍”中有明显不同（Titze et al.，2008）。在实证研究中，有证据表明主观建成环境显著影响交通出行方式。Piatkowski 和 Marshall（2015）基于美国丹佛的数据，发现主观环境评价，特别是骑行的舒适性与方便性，对预测个体骑行行为非常有效。Lin 等（2017）在儿童机动性的研究中，也发现父母对社区聚合度与社会交往程度的主观认知也会影响儿童就学交通行为的选择。

另外，有的研究更加注重找寻客观建成环境、主观建成环境、个体社会经济变量等模块之间的相互关系。Ma 等（2014）利用结构方程模型发现，客观建成环境可能通过主观环境感知这一中介变量，对出行行为产生影响。在后续的研究中，他们继续证明了个人态度因素、个人社会经济变量、主观与客观建成环境之间影响交通出行决策的复杂关系（图 2-2）（Ma et al.，2017）。

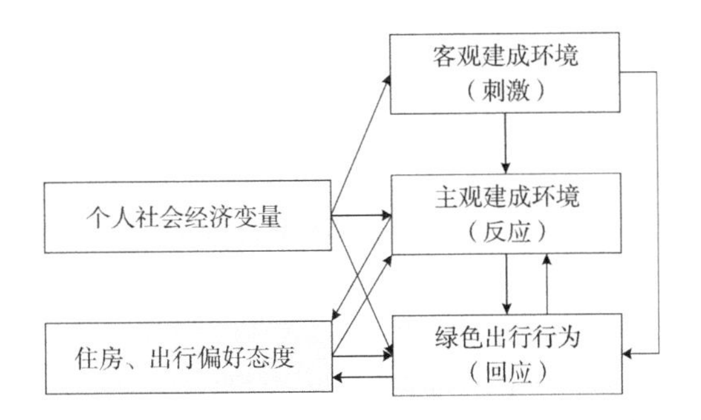

图 2–2　客观建成环境、主观建成环境与绿色出行行为的关系示意图

图片来源：MA L，CAO J. How perceptions mediate the effects of the built environment on travel behavior?[J]. Transportation，2017，46（1）：1-23.

（2）“自选择”机制

“自选择”机制是连接主观环境感知与最终交通行为的桥梁，也是长期以来在交通出行分析领域的关键研究问题。“居住自选择”，是指人们会基于自身对出行方式与居住的态度偏好来选择居住社区类型。

“居住自选择”背后有两大作用机制。其一是常被纳入交通行为分析的个体社会经济变量（如收入、职业、小汽车拥有情况），这些社会经济变量既是个人形成偏好的社会经济基础，也是从偏好变为行动的制约性因素。其二是交通出行的态度与偏好（Cao et al.，2009）。用于控制“自选择”机制的态度与感知变量通常包括对环境保护和低碳生活方式的关注、对交通出行安全隐患的感知、对各类交通出行满足出行需求程度的看法、对小汽车出行的喜好以及日常生活与交通行为习惯等）。例如，偏好小汽车出行的居民倾向于选择在郊区低密度社区居住，偏好绿色出行的居民倾向于选择高密度、公交设施完善的“步行友好”或“公交友好”社区（Stevens，2017）。控制“自选择”机制是减少内生性，从而找寻建成环境与交通出行间因果关系的重要途径（Piatkowski et al.，2015）。

“居住自选择”机制的理论含义在于，如果“居住自选择”效应的确存在，那么实际观测到的建成环境对出行行为的影响，可能有一定比例来自于“居住自选择”，从而一般的相关性分析中可能夸大了建成环境的估计系数与真实效应。与之对应的政策含义在于，通过建成环境塑造等“硬策略”来管理出行行为，减少出行距离，倡导绿色出行的努力相当大程度上受到“自选择”的影响。只有那些真正有助于提升个体对建成环境满意度的机动性规划才能最大限度地发挥作用。

尽管“居住自选择”对于理解建成环境与出行行为关系的重要性已经得到了学术界的普遍认可，从研究方法论上，Cao 等（2009）也提出并归纳了直接询问法、工具变量法、联合选择模型、结构方程等 7 种控制“居住自选择”的方法，但正如 Ewing 和 Cervero（2010）以及 Van de Coevering 等（2018）所言，“当前有关居住自选择效应的研究结论远未达成一致”。

在不同的研究语境下，“居住自选择”在量化模型中所能解释的比例差异非常大。一些研究证明，自选择效应的影响非常强烈。例如，Moudon 等（2005）发现，控制“居住自选择”效应后，居民的骑行行为与社区建成环境仅存在微弱的联系。在芬兰坦佩雷市（Haybatollahi et al.，2015）和美国得克萨斯州奥斯汀（Cao et al.，2006）的研究也得到了相似的结论。“居住自选择”在交通出行中的解释能力很强，居民的主观偏好很大程度上调和了建成环境与出行行为的关系。另一些研究则没有发现“自选择”机制的显著证据。在美国西雅图大都市区，即使控制了自选择、空间自相关与地理尺度等问题，建成环境的混合土地利用仍然能够显著降低小汽车的使用（Hong et al.，2014）。Bhat 和 Eluru（2009）发现，仅 13% 的小汽车出行源自“居住自选择”。中国南京市的研究也表明，老年人的出行态度对出行行为的预测力十分微弱，“自选择”机制不明显。

反观这些研究可以发现，“自选择”机制背后的理论假设为：个体在选择居住地时拥有充分的自主权，并且交通出行偏好是个体选择居住地的核心因素。然而现实往往无法满足上述假设。首先，即便是在住房高度市场化的欧美国家，由于可支付性以及有限的住房供给，相当比例的居民无法入住他们偏好的社区（Lin et al.，2017；Næss，2005）。中国情境下的户口屏障、限购政策、较低的居住迁移率更表明了“自选择”机制的解释能力在中国很有限（Wang et al.，2014）。另外，出行偏好仅仅是影响居民选择居住地及居住迁移的一部分要素。除了出行偏好之外，安全性、居住周边配套设施、职住平衡程度、家庭生命周期、人群社会网络特质都会影响住宅选择。这导致即便存在“自选择”，仍然有相当比例的居民并未选择与其出行偏好相匹配的居住社区。对后者的质疑说明，把居民居住与出行偏好和最终的居住与出行行为等同起来存在理论缺陷。由于社会空间各维度的制约，对其他日常生活领域的偏好以及个人过去生活方式习惯的影响，主观“偏好”与客观出行行为之间存在某种不一致。为了应对这种不一致，研究者开始着眼于结构性的制约对所偏好的出行方式无法实现的影响，以反馈行为背后的结构性交通不公平。

另外，早期涉及“自选择”机制的研究设计主要关注行为者的选择偏好对交通出行的影响机制，而忽视偏好形成之前的主观环境认知。较新的研究则开始关注选择偏好和环境主观认知对交通出行的共同影响。例如，Titze 等（2008）模拟了奥地利某中等规模城市居民骑行行为背后的建成环境作用，在模型中分别纳入骑行者个体变量、主观建成环境变量、主观社会环境变量、自选择变量。此外，与以往仅关注起讫点环境特征的研究不同，该研究考虑了地理背景不确定问题，关注与骑行行为相关的建成环境空间范围，把骑行沿途的环境特征全部纳入进来。Ma 和 Dill（2015）通过对美国波特兰市电话出行调查的数据进行分析，证实了“自选择”与态度在预测行为时的重要性。该研究发现，客观的建成环境（如自行车道、道路附近的零售点等）都能够增加自行车出行的倾向或者频率，然而在控制了基于“自选择”的出行态度变量之后，对环境的主观感知不能预测自行车出行偏好，仅对自行车出行频率有效果。

综合来看，不同的研究情境、不同的研究对象，以及其背后蕴含的居住自选择与交通自选择的自由度不均，是影响研究结论的要点所在（Van de Coevering et al.，2018）。

（3）出行行为心理学理论

交通出行行为作为一种典型的人类行为决策，背后蕴含着深刻的心理学机制，而行为态度是心理学分析的核心观念之一。近十几年来，在交通出行行为分析领域，出行态度、出行偏好等心理学因素的重要性开始受到重视。社会心理学与行为心理学的相关理论被纳入交通出行研究，为建成环境影响下的居民出行分析提供了较为成熟的分析框架。其中应用较为广泛的包括计划行为理论、规范激活理论、阶段行动理论等。

20世纪20年代，研究者们就开始探索行为态度的多种学术测量方式。Fishbein（1979）最早提出理性行为理论（the theory of reasoned action，TRA），该理论用理性人的假设分析人的行为，认为人们在行为环境的刺激下会形成内在的行为态度，而行为态度通过塑造行为意向最终实现行为本身。该理论还论证了主观行为规范对行为意向的影响作用。具体而言，行为态度是指个体感知到的执行某行为带来的一系列正面或负面的后果，而主观行为规范是指主观感受到的社会对其行为结构的期待。在此基础上，Ajzen（1991）和Madden等（1992）提出了计划行为理论（the theory of planned behavior，TPB），进一步加入了“感知行为控制”（perceived behavior control）来解释那些非个人意志控制的行为，其中“感知行为控制”是个体感知到的能够执行某行为的能力。行为态度、主观行为规范、感知行为控制是决定行为意向的三个相互独立但相关联的重要变量，从而最终影响实际行为的发生。其中，由于背后的时空约束，“感知行为控制”能够直接作用于实际行为。计划行为理论分析框架如图2-3所示。

在TPB的视角下，一个人若对绿色出行持积极态度并不能保证其最终选择绿色出行，因为还可能存在身体状况不允许骑自行车（感知行为控制）、步行安全难保证（感知行为控制）、当地政府是否提供了有效的公共交通服务（客观行为控制）等问题。Fernández-Heredia等（2014）在TPB理论框架下，发现个体对自行车出行的正面态度对形成绿色出行意向具有显著影响；Lois等（2015）验证了出行方式态度、感知行为控制等要素在公共交通出行中的重要性。

尽管TPB得到了实证研究的支持，但它也具有明显的局限性。它无法解释那些个体无法主动感知的“无意识行为”，缺乏对行为惯性、习惯等在交通出行中发挥重要作用要素的理论分析。之后Ronis（1989）提出的重复行为理

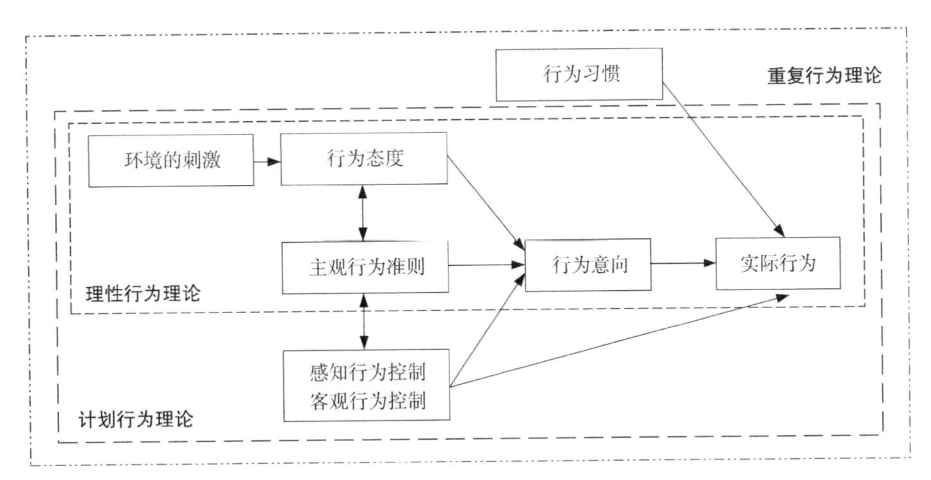

图 2-3　计划行为理论分析框架

图片来源：AJZEN I. The theory of planned behavior[J]. Organizational behavior and human decision processes, 1991，50（2）：179-211.

MADDEN T J，ELLEN P S，AJZEN I.. A comparison of the theory of planned behavior and the theory of reasoned action[J]. Personality and social psychology bulletin，1992，18（1）：3-9.

论（theory of repeated behavior，TRB）弥补了这一理论缺陷。TRB 认为最初行为的产生的确由行为态度等变量所决定，然而一旦形成了重复性的行为与行为习惯（habit），实际行为就会脱离原本态度、主观规范及行为控制等其他心理变量的影响。即习惯与态度影响实际行为的大小可能存在着一种此消彼长的关系。个体的交通出行方式并不一定就反映了背后的理性考虑或者真实偏好，习惯带来的惯性在其中发挥重要作用，而这种习惯及其背后的经济学成本可能会阻碍个体从机动车出行转向绿色出行（Gärling et al.，2003）。

规范激活理论（norm activation theory，NAT）也是交通出行特别是绿色出行行为分析中应用较为广泛的行为心理学理论。NAT 由 Schwartz 于 1977 年提出，是一种用个人规范来研究利他行为与亲社会行为的心理学理论，多用于解释“公益行为”背后“道德层面”的驱动力（Harland et al.，1999）。20 世纪 90 年代中期，NAT 被广泛应用于解释“亲环境”行为的背后机制，之后有学者将 NAT 拓展至绿色出行行为研究领域（Hunecke et al.，2001；Nordlund et al.，2003；Keizer et al.，2019）。

该理论的主要观点在于，“危害后果认知”与“责任归属”共同激活了“个人规范”。其中，“危害后果认知”是指主观个体所感知到的如果不实施某项利他行为可能带来的消极后果；“责任归属”是指人们对“后果谁来负责”的评估，决定了其所产生的情感。如果人们认为自己对当前行为（如机动化出行）导致消极后果（对他人与环境产生不良影响）负有责任，可能会产生自责、内疚等负面情绪（Weiner，1995）。最终，“危害后果认知”与“责任归属”的共同影响会激活“个人规范”（personal norms），“个人规范”作为指导个人实施某种行为的（道德）准则，最终将会产生实际行为的结果。另外，“责任归属”后由于担心不被社会认可，还会引发个体对社会行为规范（social norms）的思考（Bamberg，2013）。

在 NAT 理论的应用与拓展中，如何纳入“情感变量”是最具挑战性的问题之一。在最初的模型演化中，学者直接将情感（高兴、愧疚）对行为的影响纳入“个人规范”之中。后来也有学者将情感变量剥离，将“愧疚”直接作为与“危害后果认知”和“责任归属”相并行的自变量。除此之外，由于 NAT 模型主要强调道德驱动的特征，实际应用时往往需要和其他理论相结合，因而大量的研究尝试将上面所述 TPB 和 NAT 进行整合，如融合 TPB 中的态度与 NAT 中的情感，融入 NAT 中的个人规范以解释 TPB 中的行为意向（Harland et al.，1999）等，极大地提升了 NAT 模型的解释能力。规范激活理论（及其拓展模型）分析框架如图 2-4 所示。

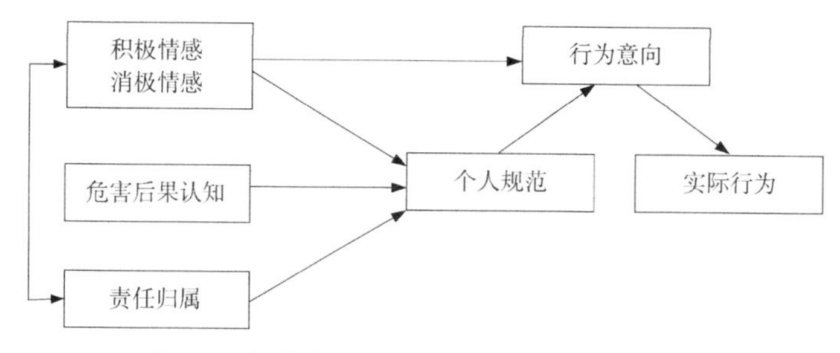

图 2-4　规范激活理论（及其拓展模型）分析框架

图片来源：HARLAND P，STAATS H，WILKE H A. Explaining proenvironmental intention and behavior by personal norms and the theory of planned behavior 1[J]. Journal of applied social psychology，1991，29（12）：2505-2528.

最后，阶段行动模型（the model of action phases，MAP）也是近年来开始应用于交通出行行为分析（Gatersleben et al.，2007；Thigpen et al.，2015）的心理学理论之一。它最初于1990年由Golllwitzer提出，主要用于健康心理学“问题行为”（如吸烟、可卡因依赖等）的改变过程分析。MAP认为行为改变是一个分阶段的渐进过程，按照时间顺序可分为预决策阶段（pre-decision）、准备行动阶段（pre-action）、行动阶段（action）和行动维持阶段（post-action）。另外，在最终行为发生前，还需要完成“目标意向”“行为意向”“执行意向”等阶段的演进。MAP的主要贡献在于结构化地描述了行为形成与行为改变的各阶段特质，但缺乏对演化背后机理的详细描述。

上述行为心理学理论均是基于西方经济社会制度框架下的理论思考，它们的共性特征在于强调个体内心感受对最终行为的重要性，而不强调各类政策情境、社会经济环境对个体行为可能产生的限制性、约束性作用。首先，在开展中国情境研究时，应该谨慎评估这些理论及其适用性，发展出一套更能解释中国居民行为的理论框架。其次，这类心理学理论主要目标是探讨整体行为背后的作用机理，而并非聚焦于交通出行行为。因而在个体交通行为的研究上，也需要广泛吸收，并且创造性地反思与改造。

第3章　出行链视角下的城市建成环境与居民出行行为

近20年来，出行行为分析领域的一个显著发展趋势是传统的基于单次出行的分析方法，正逐步以出行链为分析单元的活动分析法所取代。这一发展趋势为建成环境和出行行为关系的研究提出了新要求。本章以出行链为研究单元，探索出行链视角下建成环境和出行行为的关系。

3.1　从“出行”到“出行链”：基于活动的交通出行分析

3.1.1　出行活动链

由于生活和工作等的需要，一个人一天可能进行多次的以家为起终点的活动，一天中的所有活动形成出行活动链。一般地，出行活动链是指人们为完成一项或多项活动，将出行目的按一定时间顺序排列所组成的首尾衔接的往返行程，包含了居民参与活动的全部信息，如活动安排、交通方式、出发时间、到达时间、持续时间等，有时也简称为“出行链”（trip chain）。

按照中途活动地点个数，可将出行活动链划分为简单链和复杂链。仅包含一个中途活动地点的出行链被称作简单链；包含两个及以上中途活动地点的出行链则被称为复杂链。一些简单链和复杂链的例子如表3-1所示。

以出行链为分析单元，有助于更准确地把握居民一日出行的本质和全貌。从近年来我国各大城市的居民出行调查也可以发现，随着城市规模的不断扩大，越来越多的居民在出行时采用复杂出行链的形式，如将“购物出行”与“通勤出行”连接起来形成具有多个中途活动地点的出行链。从出行链分析视角分析我国城市居民出行行为，既是出行行为理论发展的需要，也是有效揭示和引导我国大城市居民出行的必然要求。

出行活动简单链和出行活动复杂链示例　　表 3-1

简单链	复杂链	
H—W—H	H—W—H	H—W—M—R—H
H—M—H	H—W—M—H	H—M1—M2—R—H
H—R—H	H—W—R—H	H—M—R1—R1—H
……	……	

注：H 为 Home，指居住地；W 为 Work，指工作地点；M 为 Maintenance，指生活活动地点；R 为 Recreation，指娱乐活动地点。

“出行方式链”则是为了更详细地描述活动链中每次出行所采用的出行方式而引入的概念（李萌　等，2009）。它是将出行活动链中每次出行所采用的出行方式相连接而形成的一种链，类似于用出行活动链中的中途停驻点表示活动链。例如，一个人一天的三次出行全部选择小汽车，则这个人当天的出行方式链即为“小汽车—小汽车—小汽车”。

在进行出行链分析时，出行方式应具有一致性。例如，某人采用小汽车方式从家出行，该活动链的回家出行通常也会采用小汽车方式。此外，在一条活动链中的各段出行中，出行行为主体有可能并不采用统一的出行方式，即活动链的上一次出行与下一次出行可能采用不同的出行方式，该特征被称为活动链中出行方式的转换性。需要注意的是，并不是所有的出行方式之间都可以进行转换。某些出行方式之间易于转换，如步行与骑行之间、步行与公共交通之间；某些出行方式之间则不易于转换，如私人小汽车出行和公共交通之间。

有时为研究方便，也可将出行活动链中主要出行段（如从家到工作地）的出行方式看作该条出行链的出行方式。

3.1.2　基于活动的交通出行分析

基于活动（activity）的交通出行行为分析是以个人出行为研究基础，将出行者一整天的活动用出行活动链表示，探索出行产生的内在原因，从而分析和研究居民的出行行为。活动从本质而言即为出行的目的，个体对活动参与的意愿是出行产生的直接原因。出行则是连接活动与活动之间的桥梁。基于活动的出行分析是近 20 年来交通出行行为建模领域的重要研究方面，其理论思想可归纳如下。

第一，居民对活动参与的意愿是产生出行的直接原因，一天的活动安排直接影响了居民的出行选择行为，建模分析单元为一日居民出行活动链。

第二，居民的出行行为受制于时间和空间约束。一天当中发生的活动往往不是同时同地的，而出行正是这些活动发生的时空桥梁。

第三，居民的出行选择行为受到家庭属性和生活方式的影响，决策的主体往往是整个家庭而非某一家庭成员，家庭活动安排在很大程度上决定了成员的个人安排。

第四，活动和出行决策是动态的，并且受已发生和将要发生的活动的影响。

3.1.3 出行链视角下的建成环境要素

建成环境是指建设改造的各种建筑物和场所，尤指那些可以通过政策和人工改变的环境，包括居住、商业、办公、学校等各类建筑的选址和设计，以及道路交通系统的选址与设计等，是与土地利用、交通系统和城市设计相关的一系列要素的组合。不同学者和不同研究领域对衡量建成环境的要素进行了界定。在建成环境和交通行为研究领域，建成环境通常由以下六大要素来刻画：密度（density）、混合度（diversity）、设计（design）、公共交通邻近度（distance to transit）、目的地可达性（destination accessibility）和到市中心的距离（distance to city center）。

以“单次出行”为分析单元时，学者们通常关注出行者居住地的建成环境要素与出行行为之间的关系。出行链视角下研究建成环境与出行行为关系时，除居住地建成环境外，还应考虑中途活动地点的建成环境特征（表 3-2）。

出行链视角下建成环境特征变量列表 表 3-2

建成环境“6D”要素	常用指标
密度 （density）	• 居住地人口密度（人 / km^2） • 主要活动地点人口密度（人 / km^2） • 居住地建筑密度（%） • 主要活动地点建筑密度（%）

续表

建成环境"6D"要素	常用指标
混合度 (diversity)	• 居住地土地利用混合度指数 • 主要活动地点土地利用混合度指数
设计 (design)	• 居住地道路网密度(km/km^2) • 主要活动地点道路网密度(km/km^2) • 居住地公共活动空间面积(m^2) • 主要活动地点公共活动空间面积(m^2)
公共交通邻近度 (distance to transit)	• 居住地与最近公共交通站点距离(m) • 主要活动地点与最近公共交通站点距离(m)
目的地可达性 (destination accessibility)	• 基于重力模型计算个体居住地所在某空间尺度(如交通分区)到达其他全部交通分区就业工作岗位的机会能力，其值越大表明居住地的目的地可达性越好 • 基于重力模型计算个体主要活动地点所在某空间尺度(如交通分区)到达其他全部交通分区就业工作岗位的机会能力，其值越大表明主要活动地点所在地的目的地可达性越好
到市中心的距离 (distance to city center)	• 居住地到城市中心的距离(m) • 主要活动地点到城市中心的距离(m)

3.2 出行链与出行方式的选择次序

本节旨在探索出行方式和出行链结构的联合选择机理，通过构建不同结构的分层Logit模型，探讨出行链结构和出行方式在工作日和节假日的选择次序，为制定工作日和节假日交通出行政策提供依据。

3.2.1 数据来源与描述性分析

以往研究对居民出行链与出行方式选择行为的探讨多集中在工作日，鲜有对节假日(尤其是大型法定假日)居民出行行为的研究。其可能原因有二:一是传统居民出行调查数据通常选取工作日进行，因而缺乏节假日出行调查数据；二是研究者多关注通勤出行，忽视节假日出行。然而，随着经济社会的发展、人民生活水平的提高，节假日出行需求大幅度增长，节假日期间高速公路、城市道路拥堵严重。由于针对工作日的交通管理策略对节假日也不适用，研究节假日居民出行链和出行方式选择行为成为城市化快速进程中出行行为研究中亟待完成的工作。

本节基于2010年北京市第三次居民调查数据库和2010年5月1日与10月1日公众假期出行调查，提取样本信息。研究范围如图3-1所示。一条出行链中，如果有任一出行段的目的为通勤，则该条出行链被定义为通勤出行链；根据一条出行链中包含中途停靠点的个数，将出行链定义为“简单链”和“复杂链”。

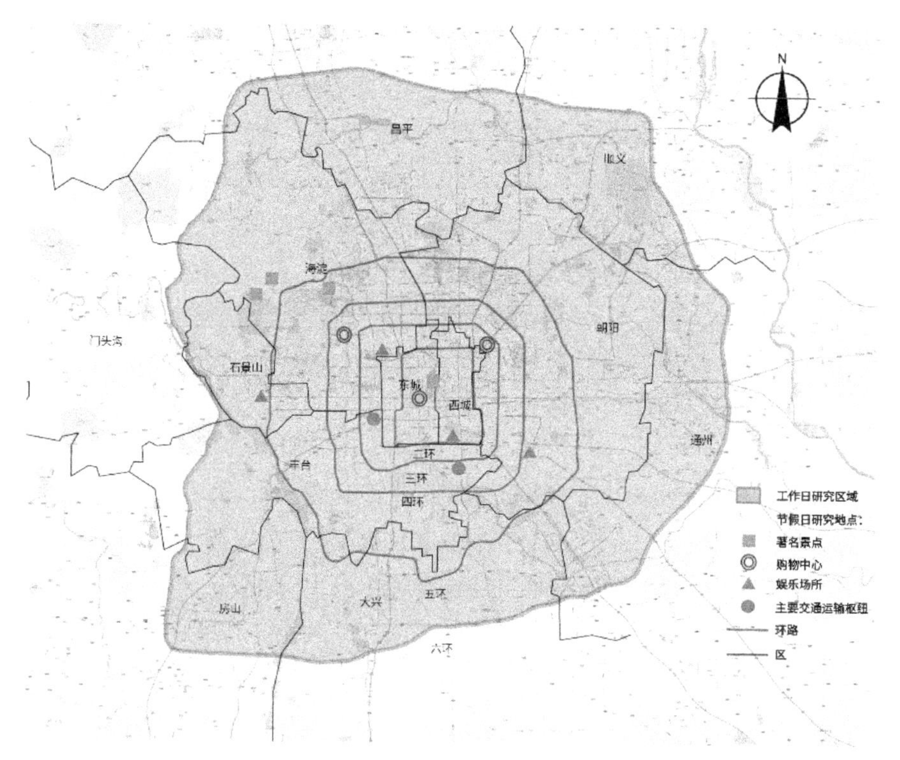

图3-1　出行方式与出行链结构联合选择的研究范围

调查数据中出行方式包括步行、自行车、小汽车、出租车和公共交通，其中公共交通包含地铁和地面公交。根据调查数据，工作日地面公交分担率为48.4%，节假日分担率为35.6%；地铁分担率相比于地面公交偏低，工作日和节假日分担率分别为 12.3% 和 7.3%。本研究中，出租车被归为小汽车类。尽管出租车和小汽车有诸多差异，但它们在道路占用、引发交通拥堵、环境污染等方面具有相似性，此外它们在提供门到门运输上也具有相似性。事实上，近年来私人小汽车主通过使用“滴滴”“Uber”等，也可以为出行者提供类似出租车服务。通过整合归类以便于分析出行者在小汽车和公共交通两者间的选择行为，同时方便决策制定者制定政策以减少小汽车和出租车使用。

一条出行链可能包括多种出行方式，因此每条出行链出行方式的确定需要采用一种“优先次序”策略。具体而言，如果一条出行链任一出行段使用了小汽车或公共交通，则该条出行链的出行方式被归类为小汽车或公共交通，而不管其他出行段是否采用了步行或自行车等方式。有一小部分出行链，其不同出行段同时使用了小汽车和公共交通，则该条出行链的出行方式归类为小汽车。考虑到非机动车方式比例较低（节假日出行链中仅 8.7% 的比例为非机动车方式），本节仅考虑机动化出行方式，即小汽车和公共交通。

对于工作日，仅选择通勤出行链为研究对象。占比小于 5% 的出行链结构不参与后续分析，信息不完整的出行链也被剔除，最终 4840 个有效样本被保留，涵盖三种链结构。描述链结构时，“H”代表居住地（home），“W”代表工作地点（work），“O”代表非通勤地点，如生活活动地点和娱乐活动地点。具体结构如下。

HWH：简单链，仅包含一个以工作为目的的中途活动地点；

HWHWH：复杂链，包含两次工作地点和一次中途返家活动；

HW+OH：包含一个工作地点和一个其他活动地点。

对于节假日，按照类似的筛选方法，最终 1733 个有效样本参与计算，共包含三种链结构，其中，“T”代表旅游活动地点，如风景区、公园、博物馆等；“O”代表其他活动地点，如购物、餐饮、电影院等。

HT（O）H：简单链，仅包含一个中途活动地点（旅游活动或其他活动地点）；

HTT（OO）H：复杂链，包含两个或多个旅游活动地点，或两个或多个其他活动地点；

HT+OH：复杂链，同时包含旅游活动地点和其他活动地点。

工作日和节假日出行链结构与方式选择的描述性统计分析分别如表 3-3 和表 3-4 所示。

工作日出行链结构和出行方式选择的描述性统计分析　　表 3-3

出行方式	出行链结构			合计
	HWH	HWHWH	HW+OH	
样本量				
小汽车	679	484	734	1897
公共交通	1751	639	553	2943
小计	2430	1123	1287	4840
列百分比（%）				
小汽车	27.9	43.1	57.0	39.2
公共交通	72.1	56.9	43.0	60.8
小计	100.0	100.0	100.0	100.0
行百分比（%）				
小汽车	35.8	25.5	38.7	100.0
公共交通	59.5	21.7	18.8	100.0
小计	50.2	23.2	26.6	100.0

节假日出行链结构和出行方式选择的描述性统计分析　　表 3-4

出行方式	出行链结构			合计
	HT（O）H	HTT（OO）H	HT+OH	
样本量				
小汽车	228	207	555	990
公共交通	262	197	284	743
小计	490	404	839	1733
列百分比（%）				
小汽车	46.5	64.9	66.2	57.1
公共交通	53.5	35.1	33.8	42.9
小计	100.0	100.0	100.0	100.0
行百分比（%）				
小汽车	23.0	20.9	56.1	100.0
公共交通	35.3	26.5	38.2	100.0
小计	28.3	23.3	48.4	100.0

由表 3-3 和表 3-4 可以看出，相比于工作日，节假日出行更加依赖小汽车。节假日小汽车分担率为 57.1%，工作日仅为 39.2%。此外，工作日超过一半的出行链为简单链，而节假日约 2/3 为复杂链。容易理解，节假日出行者通常将多个旅游活动地点连接起来形成出行链。

工作日与节假日出行链特征也存在一些相似特征。例如，简单链中小汽车出行方式使用较少，而复杂链多使用小汽车出行方式。小汽车具有较高的灵活性，能够为包含多个中途活动地点的复杂链提供灵活便捷的服务。

3.2.2　出行链结构与出行方式选择次序的分层 Logit 模型

本节采用不同结构的分层 Logit（NL）模型检验出行方式和出行链结构的决策次序。通过比较不同层次结构模型的拟合优度，来判断出行方式和出行链结构的决策次序。

（1）模型结构

对于工作日出行，构建两类分层 Logit 模型结构，一类为出行方式位于上层，出行链结构位于下层；另一类为出行链结构位于上层，出行方式位于下层。具体如图 3-2 所示。

图 3-2（a）代表的决策次序为出行者首先决定其出行方式，在此基础上确定其出行链结构；图 3-2（b）则相反，即出行者首先确定其出行链结构，在此基础上选择出行方式。

图 3-2 中参数 μ（$0 < \mu \leq 1$）为异质参数，用以捕捉同一“巢”内的备选方案之间的相关性。异质参数 μ 越大，则表示“巢”内方案之间的相关性越小。极端情况下，如果 $\mu=1$ 则表示对应“巢”内的备选方案之间相互独立；如果所有异质参数均为 1，则分层 Logit 模型退化为多项 Logit 模型。

在“出行方式在上层、出行链结构在下层”模型结构中，异质参数 μ 与所有使用同一出行方式的链结构相关。例如，图 3-2 中的 μ_{car} 代表使用小汽车出行方式的各种链结构之间的相关程度，μ_3 则代表链结构 HWH+O 中不同出行方式之间的相关程度。

类似地，节假日出行决策次序的两种模型结构如图 3-3 所示。

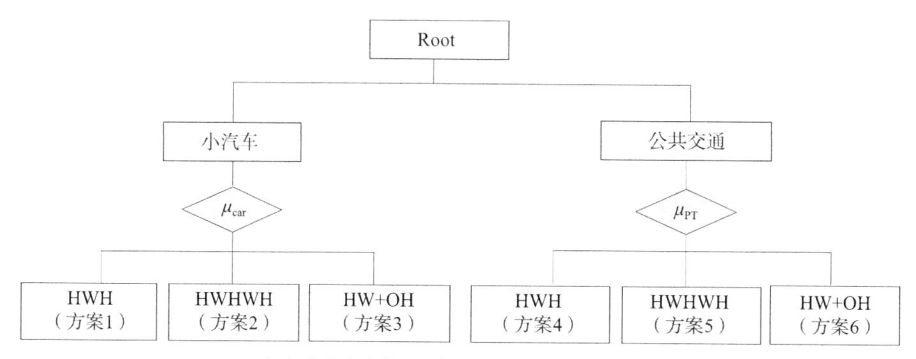

（a）出行方式位于上层、出行链结构位于下层

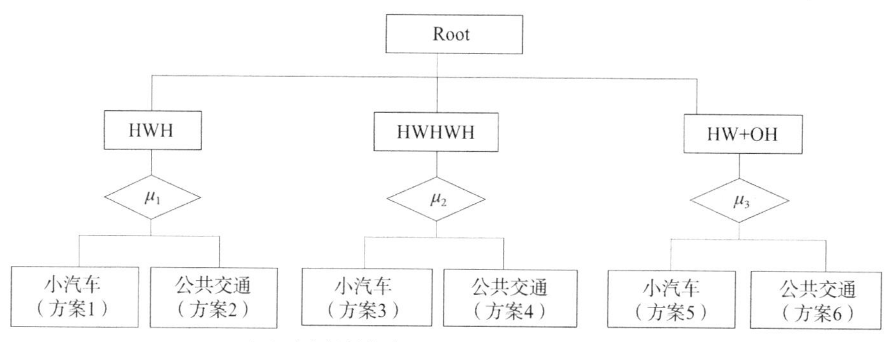

（b）出行链结构位于上层、出行方式位于下层

图 3-2　工作日出行决策结构类型

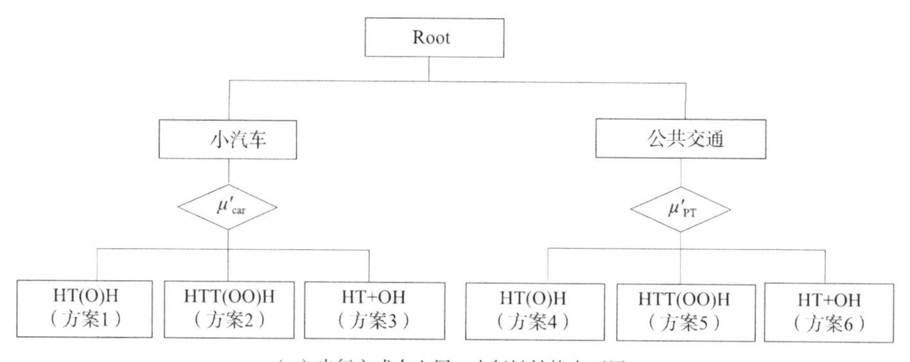

（a）出行方式在上层、出行链结构在下层

图 3-3　节假日出行决策结构类型（一）

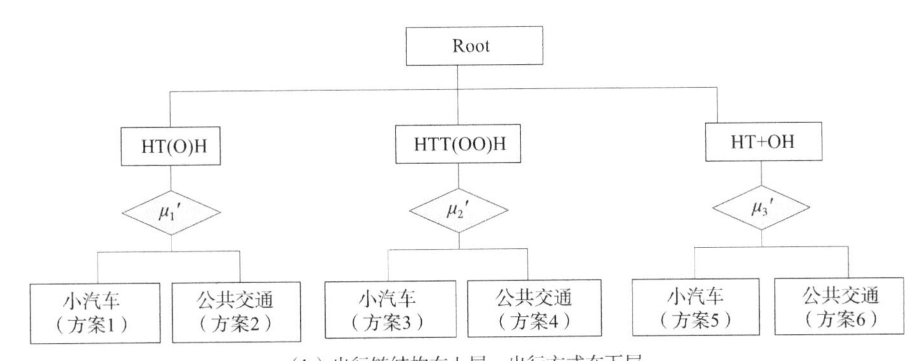

（b）出行链结构在上层、出行方式在下层

图 3-3　节假日出行决策结构类型（二）

（2）效用函数和选择概率

根据随机效用理论框架，决策者 n 在 I 个备选方案选择某个方案 j 获取的效用为 U_{jn}（j=1，2，…，I）。当且仅当 $U_{in} > U_{jn}$（$\forall j \neq i$），决策者才选择方案 j。U_{in} 是一个随机变量，包括系统效用项 V_{in} 和随机误差项 ε_{in}。系统效用项为效用变量的线性组合。

$$U_{in} = V_{in} + \varepsilon_{in} \tag{3-1}$$

$$V_{in} = \sum_{l=1}^{L} \theta_l X_{inl} \tag{3-2}$$

式中，X_{inl} 为对于决策者 n 备选方案 i 的第 l 个变量；θ_l 为待估参数。

在此基础上，决策者选择方案 i 的概率 P_i 表达式为：

$$P_i = P_m \cdot P_{i|m} = \frac{\left[\sum_{j \in N_m} (e^{V_j})^{1/\mu_m}\right]^{\mu_m}}{\sum_m \left[\sum_{j \in N_m} (e^{V_j})^{1/\mu_m}\right]^{\mu_m}} \cdot \frac{(e^{V_i})^{1/\mu_m}}{\sum_{j \in N_m} (e^{V_j})^{1/\mu_m}} \tag{3-3}$$

式中，P_m 为决策者选择“巢”m 的概率；$P_{i|m}$ 为决策者在选择“巢”m 的条件下选择方案 i 的条件概率；N_m 为“巢”m 内的备选方案集合。

3.2.3　模型估计与分析

（1）模型估计结果

对工作日和节假日的各两类 NL 模型分别估计（共 4 个 NL 模型），估计软件为 Biogeme。估计结果分别如表 3-5 和表 3-6 所示。

工作日出行链的 NL 模型估计结果 表 3-5

变量名	变量说明	NL trip chain -> mode		NL mode -> trip chain	
		Parameter	*t*-stat	Parameter	*t*-stat
Age group 2	年龄在 35 至 54 岁之间	4.183[a]	5.400	1.365	1.042
Age group 3	年龄≥ 55 岁	−0.002	−1.889	2.904[a]	3.152
Income group 1	月收入水平≤ 5000 元	−0.001	−0.820	0.297	0.174
Income group 3	月收入水平≥ 1001 元	5.782[a]	7.118	−0.037[a]	−9.716
Number of cars	家庭拥有小汽车数量	3.360[a]	3.741	−0.002	−1.008
Household size	家庭人口数	3.304[a]	3.600	−0.025[a]	−8.270
Number of workers	家庭工作人口数	1.867[a]	2.137	−0.033[a]	−9.673
Working time flexibility	工作时间是否弹性	−0.000	−0.384	−0.014[a]	−4.346
Tour time	出行时长（min）	−0.038[a]	−10.262	−0.025[a]	−8.439
Tour length	出行链距离（m）	−0.009[a]	−2.917	−0.001	−1.261
Tour cost	出行成本（元）	−0.055[a]	−13.144	−0.042[a]	−12.809
Home location	位于市中心取值 1，否则取值 0	−0.008	1.232	1.547	1.881
Transit network density	居住地周边公交网络密度，≥ 3.0km/km^2 取值 1，否则取值 0	−0.092[a]	−11.871	3.562[a]	4.090
异质参数（μ）		μ_1=0.769 μ_2=0.494[a] μ_3=0.402[a]	1.902 4.275 4.405	μ_{car}=1.06 μ_{PT}=0.92	0.833 1.035
Adjusted ρ^2		0.304		0.156	

注：方案 1 为参考类，[a] 表示在 P<0.05 水平上显著不为 0。

节假日出行链的 NL 模型估计结果 表 3-6

变量名	变量说明	NL trip chain -> mode		NL mode -> trip chain	
		Parameter	*t*-stat	Parameter	*t*-stat
Age group 2	年龄在 35 至 54 岁之间	3.051[a]	2.790	−0.087[a]	−16.042
Age group 3	年龄≥ 55 岁	−0.002	−1.655	6.190[a]	7.856

续表

变量名	变量说明	NL trip chain -> mode		NL mode -> trip chain	
		Parameter	*t*-stat	Parameter	*t*-stat
Income group 1	月收入水平≤ 5000 元	−0.001	−1.002	−0.001	−1.059
Income group 3	月收入水平≥ 1001 元	4.142[a]	6.750	−0.032[a]	−9.894
Car ownership	家庭拥有小汽车数量	2.410[a]	2.854	−0.034[a]	−9.046
Household size	家庭人口数	3.137[a]	3.580	−0.003	−1.167
Tour time	出行时长（min）	−0.063[a]	−13.826	−0.085[a]	−16.280
Tour length	出行链距离（m）	−0.002	−1.327	−0.009[a]	−2.244
Tour cost	出行成本（元）	−0.005[a]	−4.204	−0.012[a]	−8.319
Home location	位于市中心取值 1，否则取值 0	−0.004	−1.856	1.273	1.748
Transit network density	居住地周边公交网络密度，≥ 3.0km/km^2 取值 1，否则取值 0	−0.039[a]	−9.871	3.315[a]	4.802
异质参数（μ）		μ_1'=1.000 μ_2'=0.940 μ_3'=0.708[a]	0.274 1.006 2.531	μ_{car}'=0.333[a] μ_{PT}'=0.507[a]	5.524 3.189
Adjusted ρ^2		0.097		0.283	

注：方案 1 为参考类，[a] 表示在 $P < 0.05$ 水平上显著不为 0。

估计结果显示，对于工作日通勤出行，出行链结构位于上层、出行方式位于下层的模型结构具有较高的拟合优度；节假日出行链模型则恰好相反，较好的模型结构为出行方式位于上层、出行链结构位于下层。这表明，对于工作日的通勤出行决策者，首先确定其一日出行的活动地点及“链接”模式（出行链结构），在此基础上选择最优的出行方式；节假日的出行决策者则具有相反的选择次序，他们倾向于首先确定出行方式，再根据出行方式安排一日的中途活动地点。

（2）弹性分析

在此基础上，项目组进一步计算效用变量改变带来的选择概率的变化，即弹性分析。直接弹性、交叉弹性分析公式如下：

$$DE_l = \frac{\sum_m P_m P_{i|m}[(1-P_i)+(1/\mu_m - 1)(1-P_{i|m})]}{P_i}\theta_l X_{il} \quad (3\text{-}4)$$

$$CE_l = -\left[P_i + \frac{\sum_m (1/\mu_m - 1)P_m P_{i|m} P_{j|m}}{P_j}\right]\theta_l X_{il} \quad (3\text{-}5)$$

工作日和节假日的直接弹性与交叉弹性分析结果如表 3-7 ~ 表 3-9 所示。

工作日和节假日的直接弹性分析结果 表 3-7

（出行费用和出行时间分别改变带来的出行方式和出行链结构的变化）

出行链结构	出行时间弹性		出行费用弹性	
	小汽车（%）	公共交通（%）	小汽车（%）	公共交通（%）
工作日				
HWH	-0.767	-0.017	-2.256	-0.084
HWHWH	-0.116	-0.492	-1.333	-0.900
HW+OH	-0.020	-0.701	-0.074	-1.921
节假日				
HT（O）H	-0.201	-0.098	-0.169	-0.09
HTT（OO）H	-0.056	-0.041	-0.033	-0.028
HT+OH	-0.095	-0.198	-0.077	-0.114

工作日的交叉弹性分析结果 表 3-8

（提高小汽车出行费用带来的出行方式和出行链结构的转换）

改变后 \ 改变前		HWH		HWHWH		HW+OH	
		小汽车（%）	公共交通（%）	小汽车（%）	公共交通（%）	小汽车（%）	公共交通（%）
小汽车出行费用提高 10%							
HWH	小汽车（%）	76.5	23.5	0	0	0	0
	公共交通（%）	0	100	0	0	0	0
HWHWH	小汽车（%）	0	0	81.6	18.4	0	0
	公共交通（%）	0	0	0	100.0	0	0

续表

改变前 \ 改变后		HWH		HWHWH		HW+OH	
		小汽车（%）	公共交通（%）	小汽车（%）	公共交通（%）	小汽车（%）	公共交通（%）
HW+OH	小汽车（%）	0	0	0	0	88.8	11.2
	公共交通（%）	0	0	0	0	0	100.0
小汽车出行费用提高 30%							
HWH	小汽车（%）	39.7	58.0	0	0	0	0.3
	公共交通（%）	0	100.0	0	0	0	0
HWHWH	小汽车（%）	3.1	0	63.2	33.7	0	0
	公共交通（%）	0.1	0.5	0	99.4	0	0
HW+OH	小汽车（%）	3.1	0.8	0	0	66.3	29.8
	公共交通（%）	0	0	0	0	0	100.0
小汽车出行费用提高 50%							
HWH	小汽车（%）	22.0	78.0	0	0	0	0.3
	公共交通（%）	0	100.0	0	0	0	0
HWHWH	小汽车（%）	11.3	0	40.5	48.2	0	0
	公共交通（%）	0	0	0	100.0	0	0
HW+OH	小汽车（%）	9.5	0	0	0	41.4	49.1
	公共交通（%）	0	0	0	0	0	100.0

节假日的交叉弹性分析结果　　**表 3-9**

（提高小汽车出行费用带来的出行方式和出行链结构的转换）

改变后 \ 改变前		HT（O）H		HTT（OO）H		HT+OH	
		小汽车（%）	公共交通（%）	小汽车（%）	公共交通（%）	小汽车（%）	公共交通（%）
小汽车出行费用提高 10%							
HT（O）H	小汽车（%）	64.2	13	10.7	0	12.1	0
	公共交通（%）	0	91.9	0	2.3	0	5.8
HTT（OO）H	小汽车（%）	29.5	0	50.3	9.6	10.6	0
	公共交通（%）	0	7.7	0	90.7	0	1.6

续表

改变前 \ 改变后		HT（O）H 小汽车（%）	HT（O）H 公共交通（%）	HTT（OO）H 小汽车（%）	HTT（OO）H 公共交通（%）	HT+OH 小汽车（%）	HT+OH 公共交通（%）
HT+OH	小汽车（%）	33.2	0	7.1	0	47.2	10.5
	公共交通（%）	0	6.1	0	0	0	93.9
小汽车出行费用提高 30%							
HT（O）H	小汽车（%）	58.1	20.2	4.8	0	16.9	0
	公共交通（%）	0	95.3	0	0	0	4.7
HTT（OO）H	小汽车（%）	38.0	0	32.9	12.6	16.5	0
	公共交通（%）	0	0.7	0	99.3	0	0
HT+OH	小汽车（%）	31.1	0	20.6	0	34.5	13.8
	公共交通（%）	0	5.9	0	0	0	94.1
小汽车出行费用提高 50%							
HT（O）H	小汽车（%）	47.7	43.2	1.1	0	8.0	0
	公共交通（%）	0	100.0	0	0	0	0
HTT（OO）H	小汽车（%）	42.0	0	21.6	18.0	18.4	0
	公共交通（%）	0	0	0	100.0	0	0
HT+OH	小汽车（%）	33.4	13.5	20.6	0	22.9	30.2
	公共交通（%）	0	0	0	0	0	100.0

从表 3-7 所示直接弹性分析结果可以看出，工作日出行者行为对出行费用比对出行时间更为敏感，而节假日出行者则对出行时间更为敏感。交叉弹性分析可以计算由于解释变量的改变而带来的出行方式与出行链结构的变化，表 3-8 所示结果表明，对于工作日出行，当小汽车出行费用提高 10%，11.2% ~ 23.5% 的小汽车使用者转而选择公共交通，但是没有观察到出行链结构的改变；当小汽车出行费用提高至 30% 和 50% 时，才有少部分出行者改变了其出行链结构。表 3-9 所示结果表明，对于节假日出行，小汽车出行费用的提高主要改变了出行链结构而非出行方式。例如，当小汽车出行费用提高 10% 时，出行链结构为 HTT（OO）H 的出行者中 29.5% 和 10.6% 的小汽

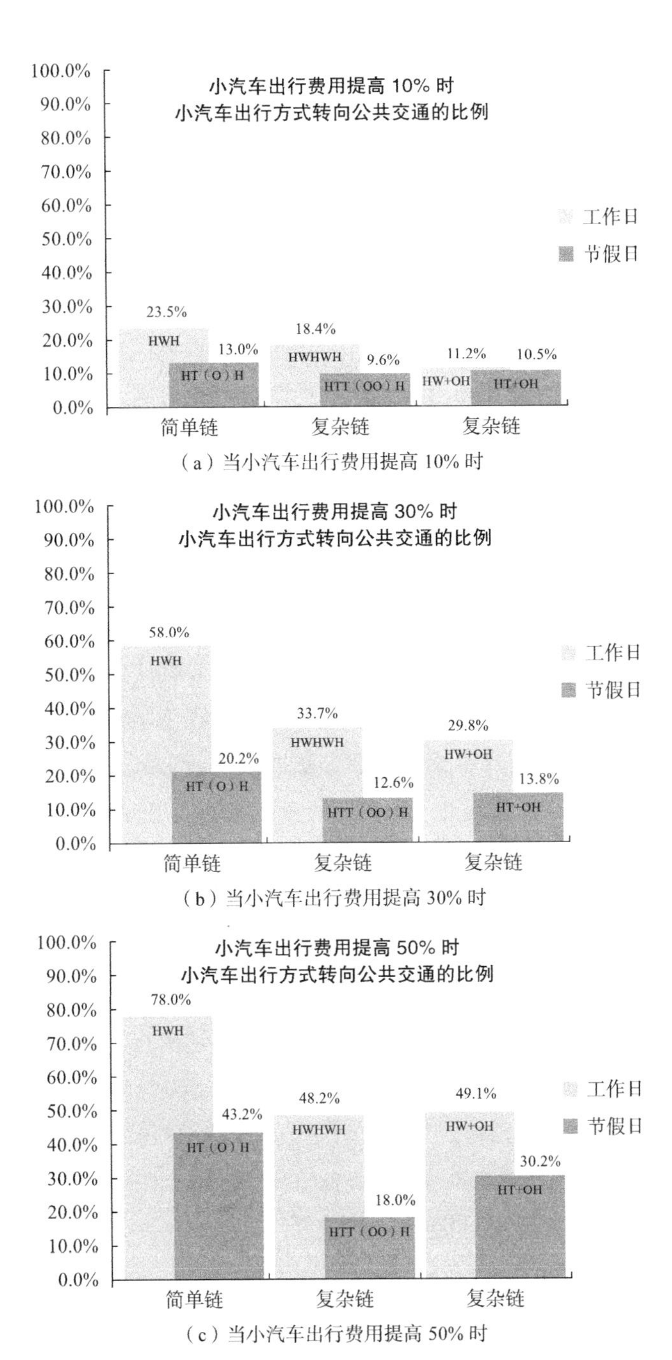

（a）当小汽车出行费用提高 10% 时

（b）当小汽车出行费用提高 30% 时

（c）当小汽车出行费用提高 50% 时

图 3-4　小汽车出行费用提高时出行方式与出行链结构改变情况对比

车出行转变为 HTH 和 HT+OH 结构，仅 9.6% 的小汽车出行转向公共交通。此外，无论是工作日还是节假日，随着小汽车出行费用的提高，简单链的出行者通常转而选择公共交通，而复杂链的出行者则倾向于固守小汽车出行方式，反映出复杂链出行者对小汽车的依赖。另外，对比工作日和节假日还可以发现，节假日出行者对小汽车的依赖大于工作日。上述分析结果可由图 3-4 直观显示。

（3）研究结论

本节探索了出行方式和出行链结构的联合决策机制，并针对工作日和节假日分别建模研究。主要结论如下。

工作日和节假日出行至少存在以下三点不同：首先，出行方式和出行链结构的决策次序在工作日和节假日呈现相反的结构。在工作日，人们倾向于首先确定其出行链中途活动地点，在此基础上选择出行方式；节假日的决策次序则是先确定出行方式，在此基础上安排出行链的中途活动地点。其次，节假日相比于工作日对小汽车的依赖更强。再次，节假日出行者对出行时间比对出行费用更为敏感，工作日出行者则对出行费用更为敏感。此外，在工作日，如果提高小汽车出行费用，出行者更易更改其出行方式；而在节假日提高小汽车出行费用，出行者则首先变更其出行链结构而非出行方式。

上述结论具有重要的政策启示。由于工作日通勤者首先确定其活动安排，在此基础上选择出行方式。一旦工作日出行链为复杂链，这就给公共交通服务提供者带来挑战，要求公共交通服务能够满足复杂链灵活服务的要求，才有可能吸引复杂链出行者选择公共交通。具体实践时可考虑开设“微循环公交”“迷你公交”等配合公共交通干线以满足复杂链出行者服务需求。对于节假日出行，当出行费用等变化时，出行者更倾向于改变出行活动安排而非出行方式，因此基于费用杠杆的交通需求管理政策在节假日将不再有效。

3.3 建成环境与出行链行为的关系

从北京、上海等城市的“十二五”及“十三五”交通发展规划草案中可以看到，通过限制机动车与保障公共交通出行来调整居民出行方式结构，已成为各城市治理交通拥堵的共同思路和一致目标。优化居民出行方式结构，需深入研究城市居民出行方式的选择行为，把握各出行方式的影响因素以及各因素之间的作用机理。居民出行方式选择涉及因素繁多，建模过程较复杂，因而也一直是出行行为领域的研究热点（Ben-Akiva et al.，1985；Bowman et al.，2000）。

在以往的研究中，影响居民出行方式选择的因素通常被归纳为出行者特性、出行特性和交通工具特性三个方面（Ben-Akiva et al.，1985；Bowman et al.，2000；宗芳 等，2007）。随着研究的逐步深化，城市土地利用特征（建成环境）对居民出行行为的影响开始被学者们重视。Kuby（2004）、Limtanakool 等（2006）和 Loo（2010）的研究均表明，建成环境是居民选择出行方式的重要影响因素。随着我国城市化进程的迅速推进，计划经济时期以单位大院为基本地域单元的城市空间格局逐渐被打破，“职住分离”“空间错位”现象显现（张艳 等，2009），城市土地利用特征对我国居民出行的影响越发显著。

另外，城市化进程中居民出行的活动空间和范围不断扩大，出行需求日益多样化和复杂化。其中，最为显著的是居民倾向将多个出行以出行链的形式进行连接，以降低出行成本。出行链是指人们为完成一项或多项活动（多目的出行），按一定时间顺序排列的出行目的所组成的往返行程，包含了大量的时间、空间、方式和活动类型信息。显然，以出行链来刻画居民出行特征更为合适，因而有必要改进目前广泛采用的以单个出行为分析单元的研究思路。

在研究方法上，国内外学者普遍采用离散选择理论中的 Logit 模型来分析居民出行方式的选择行为。然而，Logit 模型在分析快速城市化进程中的我国居民出行方式选择行为时至少具有以下局限性：①标准 Logit 模型具有 IIA 性质（Chipman，1960），即假设备选方式之间是独立的，而一个出行链可能涉及多个交通方式，因此以出行链为分析单元的出行方式选择研究显然不符合 Logit 模型的假设；②尽管有学者为克服标准 Logit 模型的缺陷而提出混合 Logit 模型（McFadden et al.，2000），但它们在理论上均要求每个自变量无测量误差，而实际应用中不可能避免；③快速城市化进程中，居民出行方式的各类影响因素，如出行者特性、出行链与建成环境之间存在错综复杂的关系，而 Logit 模型（包括改进后的其他 Logit 类模型）难以识别出影响因素间的内部关系，从而使得模型结果在指导交通规划及交通需求管理时可能会出现偏差。

基于此，本节以出行链为分析单元，并采用一种新的统计分析方法——结构方程模型，来分析快速城市化进程中居民出行的方式选择问题，以期为优化城市居民出行方式结构提供更为可靠的理论依据。

3.3.1 建成环境与出行链关系的研究假设

考虑快速城市化进程中居民出行环境及出行行为的变化，选取出行链、土地利用、个人及家庭的社会经济属性三类指标作为居民进行出行方式选择时的影响因素。需要指出的是，在城市化进程中上述各因素之间并不是孤立的，而是存在复杂的相关关系。综合国内外相关研究及实证，提出以下研究假设，作为构建模型的依据。

假设 1 出行链的结构与性质对居民出行方式的选择具有显著影响

出行链通常以家庭为起点和终点，如包含工作活动的通勤出行链可表示为 H—W—O—H 等。以出行链为分析单元，考虑了单个出行间的时空联系和约束，能够更为准确地刻画居民的出行行为。

出行链有简单链和复杂链之分：仅有一个中途活动地点的为简单出行链，而包含一个以上中途活动地点的为复杂出行链。二者包含的出行次数和弹性活动次数均不相同，因而对城市交通的影响也显著不同。以通勤出行链为例，简单链较为固定，而复杂链由于嵌套了大量非工作之外的弹性活动，灵活性和随机性都比简单链大（宗芳 等，2007）。此外，按是否包含工作活动，还可将出行链划分为通勤链和非通勤链。

近年来的研究表明，出行链的性质、长度等因素对居民出行方式的选择具有重要影响，即出行者一般先根据个人及家庭的需要将一日的活动和出行组织成出行链，然后在出行链的约束下考虑选择何种交通方式（VandeWalle et al.，2006；Ye et al.，2007）。

对于一个出行链，居民出行方式可划分为单一方式和组合方式，其中单一方式可以是自行车、小汽车、公交车、地铁和出租车中的任意一种，组合方式则是两个或两个以上单方式的组合。事实上，绝大多数的组合出行都包含有公共交通出行，组合方式出行被看作是一种对环境影响较小的可持续城市交通发展模式，正逐步得到重视（Nobis，2007）。

假设 2　居住及中途活动地点的土地利用特征对出行链与出行方式选择均具有显著影响

在一个出行链中，居住地与中途活动地点的土地利用会对居民出行方式选择产生重要影响。Limtanakool 等（2006）等进行的研究表明，居住区所处区位、居住地及目的地有无公交站点、有无充足停车泊位等都是居民出行方式选择的重要影响因素。Loo 等（2010）通过研究还发现居住区附近地铁站点是否处于中心区以及是否为换乘站等也是决定居民是否选择地铁方式出行的重要因素。

随着中国城市化进程的迅速推进以及住房制度的改革，计划经济时期以单位大院为基本地域单元的城市空间布局逐渐被打破。参照张艳等（2009）的研究，本节将我国快速城市化进程中的居住区划分为老城区旧居住小区、单位大院小区、近郊区新建商品房小区、政策性住房小区四大类型。不同类型的居住小区，因其区位及职住分布的不同，居民出行的方式也表现出较大差别。

以北京市为例老城区旧居住小区基本在二环以内，此类居住区以平房、四合院为主，通常建筑密度较高，配套设施较差，是旧城改造的对象。

单位大院小区多处在二环、三环之间，是改革开放前北京居住区向外扩展的主要部分。早期单位大院小区的建筑多为 4 ~ 6 层的单元式住宅，20 世纪 90 年代以来新建了部分高层住宅；总体上，配套设施较齐全、居住环境好。居住在单位大院小区中的居民绝大多数是行政机关、国有企业、科研教育单位的职工，由于职住接近，居民就近上班。

近郊区新建商品房小区出现在 20 世纪 80 年代，90 年代三环以外的住宅建设速度加快，并逐步向四环、五环外迅速扩展。此类居住区与单位大院小区相比最显著的特点是居民就业地与居住地的分离。

政策性住房小区是 20 世纪 90 年代以来，政府为解决中低收入家庭的住房问题，在城市郊区开发的具有社会保障性质的居住小区，如安居工程、经济适用房等。目前，北京已建和在建的政策性住房小区多集中在四环、五环以外的郊区。

假设 3　居民的社会经济属性对出行链及其出行方式具有显著影响

个人及其家庭的社会经济属性是公认的影响居民出行方式选择的重要因素。在经典的交通需求预测模型中，居民的社会经济属性，诸如职业、性别、年龄、收入、家庭属性等指标，是交通方式划分的重要变量（邵春福，2006）。鲜于建川等（2010）的研究表明，职业对出行链及出行方式的影响十分显著，相对于其他职业，服务业及自由职业者在一天中的出行链多为简单链，且多选择单一出行方式；栾琨等（2010）研究发现，家中有 6 岁以下儿童的出行者在通勤出行中倾向于采用复杂出行链，而家庭规模 2 人及以下者，采用简单链的概率较高；Limtanakool 等（2006）的研究则发现，家中有 12 岁以下儿童的出行者更倾向于选择小汽车出行。

假设 4　居民的社会经济属性对其居住区位具有显著影响

城市经济学理论认为，居民在进行居住区位选择时，会在居民及家庭属性（家庭收入、家庭人数等）的约束下对住房成本和通勤成本进行权衡，追求效用最大化。虽然该理论有众多的假设、限制条件，但其几乎在各类城市中都能很容易得到验证（Mills，1972）。事实上，在上述四种不同类型的居住区中，居民的社会经济属性差异显著。

3.3.2　建成环境与出行链关系的结构方程模型

为验证上述假设，以下构建居民出行方式选择的结构方程模型，以识别出个人与家庭属性、出行链、土地利用各因素之间的关系以及它们对居民出行方式选择的影响。

结构方程模型被称为近年来统计学三大进展之一。它是一种建立、估计和检验因果关系模型的方法，模型中既包含有可观测的显在变量，也可能包含无法直接观测的潜在变量。利用结构方程模型分析居民出行方式选择问题时，其主要优势在于：①可同时考虑并处理多个因变量，本节正是借助这一优势，同时分析各影响因素之间的相互关系，以及它们对各出行方式的影响；②允许各内生变量之间存在相关关系，这恰好可以克服 Logit 模型的 IIA 缺陷；③允许自变量包含误差。

一个完整的结构方程模型包括测量模型和结构模型两部分（吴明隆，2010）。

（1）测量模型

测量模型描述潜变量 $\boldsymbol{\eta}$、ξ 如何被显变量（观察变量）$\boldsymbol{Y}$、$\boldsymbol{X}$ 所测量。

$$\begin{aligned} \boldsymbol{Y} &= \boldsymbol{\Lambda}_Y \boldsymbol{\eta} + \boldsymbol{\varepsilon} \\ \boldsymbol{X} &= \boldsymbol{\Lambda}_X \boldsymbol{\xi} + \boldsymbol{\delta} \end{aligned} \tag{3-6}$$

式中，$\boldsymbol{Y}$ 为内生显变量组成的向量；$\boldsymbol{X}$ 为外生显变量组成的向量；$\boldsymbol{\eta}$ 为内生潜变量；ξ 为外生潜变量；$\boldsymbol{\Lambda}_Y$ 为内生显变量在内生潜变量上的因子负荷矩阵，它表示内生潜变量 $\boldsymbol{\eta}$ 和其显变量 $\boldsymbol{Y}$ 之间的关系；$\boldsymbol{\Lambda}_X$ 为外生显变量在外生潜变量上的因子负荷矩阵，它表示外生潜变量 ξ 和其显变量 $\boldsymbol{X}$ 之间的关系；$\boldsymbol{\varepsilon}$、$\boldsymbol{\delta}$ 为测量模型的残差矩阵。有三个外显变量的测量模型示例如图 3-5 所示，其中 $\boldsymbol{X}_1$、$\boldsymbol{X}_2$、$\boldsymbol{X}_3$ 为外生显变量；ξ_1 为外生潜变量；$\boldsymbol{Y}_1$、$\boldsymbol{Y}_2$、$\boldsymbol{Y}_3$ 为内生显变量；$\boldsymbol{\eta}_1$ 为内生潜变量；λ 为对应的因子荷载。

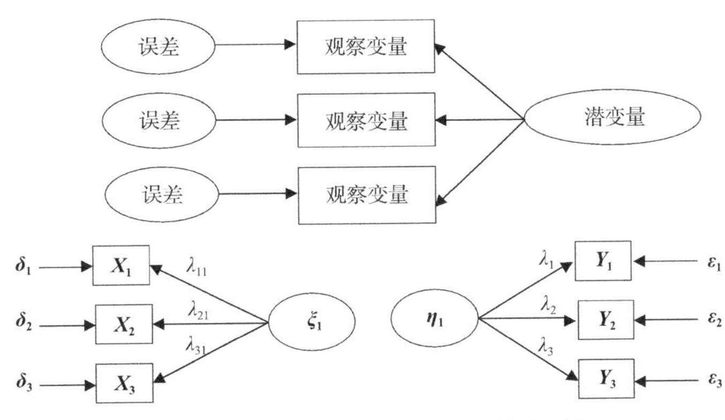

图 3–5　包含三个观察变量的测量模型示例

（2）结构模型

结构模型描述潜变量 $\boldsymbol{\eta}$、ξ 之间的关系。

$$\boldsymbol{\eta} = \boldsymbol{B}\boldsymbol{\eta} + \boldsymbol{\Gamma}\xi + \zeta \tag{3-7}$$

式中：$\boldsymbol{B}$ 为路径系数矩阵，它表示结构模型中内生潜变量 $\boldsymbol{\eta}$ 之间的相互影响；$\boldsymbol{\Gamma}$ 为路径系数矩阵，它表示结构模型中外生潜变量 ξ 对内生潜变量 $\boldsymbol{\eta}$ 的影响；ζ 为结构模型的残差矩阵。包含一个外生潜变量和两个内生潜变量的结构模型示例如图 3-6 所示。

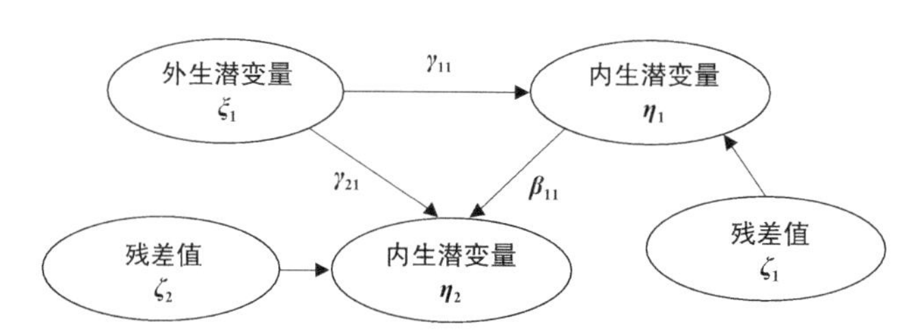

图 3-6　包含一个外生潜变量和两个内生潜变量的结构模型示例

（3）模型求解

一个完整的结构方程包含 $\boldsymbol{\Lambda}_Y$、$\boldsymbol{\Lambda}_X$、$\boldsymbol{B}$、$\boldsymbol{\Gamma}$、$\boldsymbol{\Phi}$、$\boldsymbol{\Psi}$、$\boldsymbol{\Theta}_\varepsilon$、$\boldsymbol{\Theta}_\delta$ 共 8 个待估参数矩阵。前面 4 个矩阵已在测量模型或结构模型中出现。$\boldsymbol{\Phi}$ 为外生潜变量 ξ 的协方差矩阵，$\boldsymbol{\Psi}$ 为残差项 $\boldsymbol{\zeta}$ 的协方差矩阵，$\boldsymbol{\Theta}_\varepsilon$ 为 $\boldsymbol{\varepsilon}$ 的协方差矩阵，$\boldsymbol{\Theta}_\delta$ 为 $\boldsymbol{\delta}$ 的协方差矩阵。

通过上述参数可推导出显变量 $\boldsymbol{Y}$、$\boldsymbol{X}$ 的协方差矩阵 $\boldsymbol{\Sigma}(\boldsymbol{\theta})$，其中 $\boldsymbol{\theta}$ 为待估参数。用 $\boldsymbol{\Sigma}$ 表示显变量的总体的协方差矩阵（用样本协方差矩阵替代），若理论模型为真，则有 $\boldsymbol{\Sigma}=\boldsymbol{\Sigma}(\boldsymbol{\theta})$，从而求出模型的待估参数 $\boldsymbol{\theta}$。

（4）模型评价与分析

传统的统计模型只能给出单个方程的结果评价，结构方程模型的优点之一则在于能够得到反映整个模型拟合好坏的统计量——拟合指数。最常用的拟合指数是卡方 χ^2、近似误差均方根 RMSEA 和正规化拟合指数 NFI。RMSEA 越接近 0 表示模型拟合度越好，通常采用 RMSEA<0.1；NFI 越接近 1 表示模型拟合度越好，通常采用 NFI>0.9。

在整个模型拟合良好的前提下，对单个参数进行检验，即检验所有参数的估计值是否有意义。在结构方程模型的输出结果中，会有 t 统计量及其对应的概率 P 值，当 P 值小于显著性水平时，则表示该参数显著不等于零，认为让该参数自由估计是合理的。

3.3.3　模型估计与分析

（1）样本选择

依据研究假设，确定各类影响因素所包含的指标，并据此设计调查问卷题项。选取北京市四类共 8 个居住小区，在每类居住小区中随机抽取 80 户家庭，对每个家庭中 18 岁以上成员在工作日的某一个典型出行链[1]及其相关信息进行问卷调查[2]。对回收的 1284 份问卷进行出行空间一致性、出行时间连续性以及出行方式一致性检验，剔除无效样本，最终得到有效样本 1011 个，符合结构方程模型数据分析要求。

（2）模型形式

居民出行方式选择的结构方程模型暂不涉及潜变量，其模型形式为：

$$\boldsymbol{Y}=\boldsymbol{B}\boldsymbol{Y}+\boldsymbol{\Gamma}\boldsymbol{X}+\boldsymbol{\zeta} \tag{3-8}$$

式中，$\boldsymbol{Y}$ 为由 p 个内生变量组成的维向量；$\boldsymbol{X}$ 为由 q 个外生变量组成的 $q\times 1$ 维向量；$\boldsymbol{B}$ 和 $\boldsymbol{\Gamma}$ 分别为 $p\times p$ 和 $q\times q$ 阶系数矩阵；$\boldsymbol{\zeta}$ 为 p 个结构方程的残差组成的 $p\times 1$ 维残差向量。如前节所述，可通过 $\boldsymbol{\Sigma}=\boldsymbol{\Sigma}(\boldsymbol{\theta})$ 求出 $\boldsymbol{B}$、$\boldsymbol{\Gamma}$ 等待估参数。

根据前述研究假设选取变量，并得到模型的初始架构。模型包含 3 个层次，上层是“个人与家庭属性”，中间层是“出行链”和“建成环境”，下层是“出行方式”。模型初始架构以及所包含变量的具体说明分别如图 3-7 和表 3-10 所示。

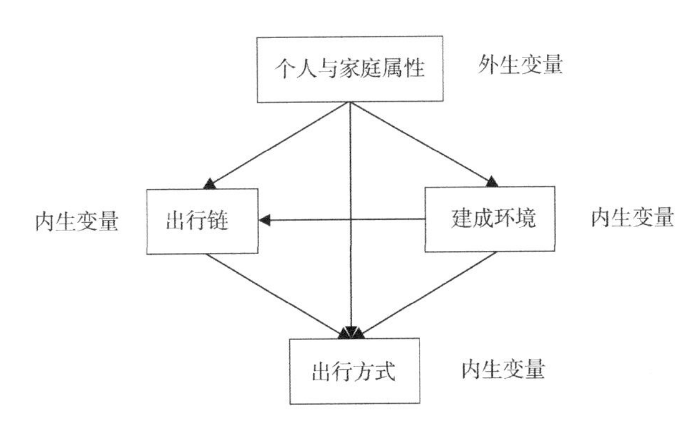

图 3-7 居民出行方式选择的初始模型架构

[1] 调查中，典型出行链指出行者在工作日中最经常发生的、最具代表性的那个出行链。

[2] 问卷调查于 2009 年 10 月 15 日开始，11 月 30 日结束，调查的居民小区包括东城千福巷社区、交道口社区、铁道科学研究院家属区、二炮清河大院、朝阳城市月光、通州水郡长安、回龙观龙锦苑、丰台怡然家园。其中，样本数据中涉及距离的变量均通过北京市电子地图量取，且选定天安门为市中心。

初始模型变量说明　　表 3-10

变量分类	类别	变量名称	变量符号	说明	是否被剔除
外生变量	个人与家庭属性	性别	*Gender*	男 =1，女 =0	
		年龄	*Age*	以“岁”为单位	
		受教育程度	*Education*	研究生及以上 =3，本科 =2，其他 =1	
		是否工作或上学	*Employ*	是 =1，否则 =0	被剔除
		是否拥有小汽车	*Car_owner*	是 =1，否则 =0	
		是否拥有自行车	*Bic_owner*	是 =1，否则 =0	
		家庭月总收入	*Income*	以“元”为单位	
		家庭总人口数	*Famsize*	以“人”为单位	被剔除
		家中是否有 12 岁以下儿童	*Kid*	是 =1，否则 =0	
内生变量	建成环境	是否为老城区旧居民小区	*OLD*	是 =1，否则 =0	
		是否为单位大院小区	*DW*	是 =1，否则 =0	
		是否为近郊区新建商品房小区	*CH*	是 =1，否则 =0	
		是否为政策性住房小区	*SW*	是 =1，否则 =0	
		居住区与市中心距离	*CBD_dis*	以“km”为单位	被剔除
		居住区与最近地铁站距离	*Sub1_dis*	以“km”为单位	
		居住区与最近公交站点距离	*Bus1_dis*	以“km”为单位	
		主要目的地与最近地铁站距离	*Sub2_dis*	以“km”为单位	被剔除
		主要目的地与最近公交站点距离	*Bus2_dis*	以“km”为单位	被剔除
	出行链	出行链是否为复杂链	*Complex*	是 =1，否则 =0	
		出行链是否包含通勤出行	*Commute*	是 =1，否则 =0	
		出行链长度	*Length*	以“km”为单位	
		出行链包含出行目的数	*Purpose*	以“个”为单位	被剔除
	出行方式	是否步行方式	*Walk*	是 =1，否则 =0	被剔除
		是否自行车方式	*Bicycle*	是 =1，否则 =0	
		是否小汽车方式	*Car*	是 =1，否则 =0	
		是否出租车方式	*Taxi*	是 =1，否则 =0	
		是否地铁方式	*Subway*	是 =1，否则 =0	
		是否公交车方式	*Bus*	是 =1，否则 =0	
		是否组合方式	*Combination*	是 =1，否则 =0	

（3）模型结果分析

利用 AMOS18.0 对模型进行计算，因模型包含定序型变量，且样本不符合联合正态分布，故选择 WLS 法（吴明隆，2010）对模型参数进行估计。从初始模型的计算结果可以看出，外生变量“是否工作或上学”“家庭总人口数”对绝大多数内生变量的影响不显著，其作用可能已被其他指标替代，因此将其从模型中剔除；同理剔除“居住区与市中心距离”“主要目的地与最近地铁站距离”“主要目的地与最近公交站点距离”“出行链包含出行目的数”“是否步行方式”5 个内生变量。此外，个人与家庭属性类变量和土地利用类变量关系不显著，因此删除二者的关系。最终模型架构如图 3-8 所示。

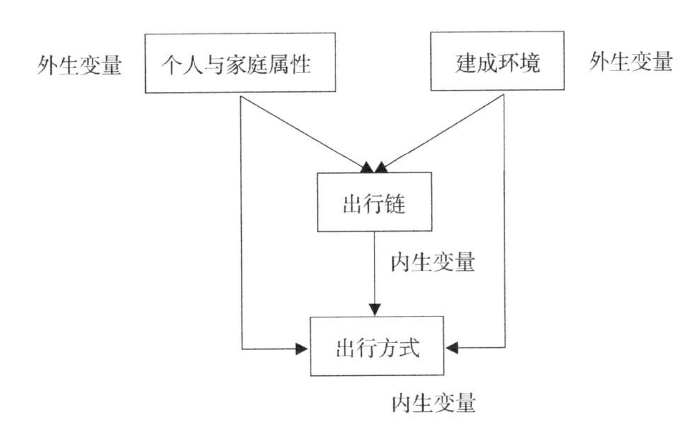

图 3–8　居民出行方式选择的最终模型架构

对图 3-8 所示最终模型进行计算，得到模型的拟合度指数 RMSEA=0.055<0.1，NFI=0.901，表明模型拟合良好。具体计算结果如表 3-11 ~ 表 3-13 所示。

外生变量个人与家庭属性对各内生变量的影响　　**表** 3-11

被影响变量		影响变量（个人与家庭属性）					
		Gender	*Age*	*Car_owner*	*Bic_owner*	*Income*	*Kid*
出行链	*Complex*	−0.105**	0.048	0.282***	0.094*	−0.087*	0.195***
	Commute	0.089*	−0.005	0.306***	0.016	0.157**	0.087*
	Length	0.002	−0.133*	0.563***	0.411***	0.045	0.012

续表

被影响变量		影响变量（个人与家庭属性）					
		Gender	*Age*	*Car_owner*	*Bic_owner*	*Income*	*Kid*
出行方式	*Bicycle*	0.034	0.047	−0.013	0.102**	−0.071*	0.110**
	Car	0.088	−0.126*	0.219**	−0.121*	0.242**	0.193*
	Taxi	−0.032	0.277**	0.119*	−0.215**	0.140*	0.284**
	Subway	0.034	0.109**	−0.151**	0.094*	−0.231***	−0.112**
	Bus	0.009	0.181**	−0.197**	0.116*	−0.207**	0.094
	Combination	−0.042	0.097*	0.058	0.216**	−0.033	0.108*

注：*** 表示 $P<0.01$，** 表示 $P<0.05$，* 表示 $P<0.1$，其余为不显著。

外生变量建成环境对各内生变量的影响 **表 3-12**

被影响变量		影响变量（建成环境）					
		OLD	*DW*	*CH*	*SW*	*Sub1_dis*	*Bus1_dis*
出行链	*Complex*	−0.092*	−0.085*	0.103**	0.279***	−0.026	−0.032
	Commute	0.112**	0.320***	0.099*	0.083*	0.003	0.001
	Length	0.147*	−0.322**	0.112*	0.230**	0.007	0.001
出行方式	*Bicycle*	0.125**	0.108**	−0.256***	−0.118**	0.075*	0.044
	Car	−0.230***	−0.442***	0.311***	0.282**	0.100*	0.089
	Taxi	−0.189	−0.035	0.172*	−0.078	0.166*	0.110*
	Subway	0.299***	−0.005	0.080	0.350***	−0.217**	0.008
	Bus	0.203**	0.098*	−0.044	0.139**	0.062	−0.115**
	Combination	0.118*	−0.072	0.025	0.092*	0.112*	0.098*

注：*** 表示 $P<0.01$，** 表示 $P<0.05$，* 表示 $P<0.1$，其余为不显著。

内生变量间的影响效应 **表 3-13**

被影响变量（出行方式）	影响变量（出行链）		
	Complex	*Commute*	*Length*
Bicycle	0.107*	0.193**	−0.123*
Car	0.566***	0.423***	0.520***
Taxi	0.325**	−0.114*	−0.097
Subway	−0.043	0.478***	0.326**
Bus	−0.039	0.105	0.117*
Combination	−0.247**	0.396**	0.100

注：*** 表示 $P<0.01$，** 表示 $P<0.05$，* 表示 $P<0.1$，其余为不显著。

以上显示了结构方程模型中各外生变量对各内生变量，以及各内生变量之间的相互影响关系，可以得出以下主要结论。

①个人与家庭属性对出行链及出行方式影响较为显著，研究假设 3 成立。

性别对出行链有一定影响，而对出行方式的影响不显著。性别对出行链是否为复杂链、是否包含通勤出行的影响相对显著[1]，影响系数分别为 −0.105 与 0.089，表明相较女性，男性出行者每个工作日最主要的出行多为通勤出行且所形成的出行链多为简单链。这是由男女所承担的社会责任不同所致，女性因需承担一定生活性活动，会在其工作出行中同时连接一些非工作出行，使出行链更倾向于形成复杂链。

家庭是否拥有小汽车对出行者的出行链以及出行方式的选择具有非常显著的影响。小汽车因可达性和方便性较高，其拥有者的出行链多为复杂链，且出行距离较长。拥有小汽车对地铁、公交等公共交通出行方式具有显著的负效应，影响系数分别为 −0.151 与 −0.197，这符合研究者的预期，因此为提高公共交通承担率，有必要实施合理的小汽车限制政策。值得注意的是，拥有小汽车对组合出行方式具有正效应（0.058），尽管该效应尚不显著。前已述及，绝大多数的组合方式都包含有公共交通出行，这说明拥有小汽车在一定程度上能够促进公共交通出行，然而前提在于能够为小汽车拥有者提供充足的驻车换乘空间。事实上，在驻车换乘系统较为完备的香港，小汽车拥有量对地铁运输量的贡献非常显著。

是否拥有自行车对出行方式也有一定影响。拥有自行车对小汽车出行方式的影响效应为负（−0.121），对组合方式的影响为正（0.216），且影响程度显著，表明自行车在限制小汽车、促进公共交通出行上功不可没。事实上，“自行车 + 轨道交通”的出行方式正成为世界各大城市绿色出行的新风尚。自行车适宜的出行距离为 3 ~ 5km，这恰是北京市各轨道交通站点的平均辐射半径。自行车应作为未来大力提倡的出行工具。

家中是否有 12 岁以下儿童对出行链与出行方式的影响较为显著，其中对是否为复杂链的影响系数为 0.195，对小汽车出行方式、出租车出行方式的影

[1] “显著”与否的标准见表 3-11 ~ 表 3-14 的尾注，本章下同。

响系数分别为0.193与0.284。这表明，家中有12岁以下儿童的出行者多采用复杂出行链出行，以便在出行途中接送孩子上下学，且他们更倾向于采用小汽车、出租车等单一出行方式。在未来交通管理中，可积极发展中小学校车服务系统，以此缓解有儿童家庭对小汽车的依赖。

②土地利用对出行链及出行方式影响显著，研究假设2成立。

土地利用指标中，居住小区类型对出行链与出行方式的影响十分显著。首先，四类居住小区对出行链是否包含通勤出行的影响均是正向的，影响系数分别为0.112、0.320、0.099与0.083，且影响显著，表明通勤出行是居民日常出行的主要组成部分。

单位大院居住类型（*DW*）对出行链长度与小汽车出行方式的影响均为负，分别为-0.322与-0.442，表明单位大院的布局结构较好地实现了“职住平衡”，缩短了居民一天中的主要出行距离，从而减少了他们对小汽车的依赖。

近郊区新建商品房小区（*CH*）和政策性住房小区（*SW*）对小汽车出行方式的影响为正，影响系数分别为0.311与0.282。这表明这两类小区的出行者更倾向于采用小汽车出行方式，这一方面是由出行者的个人与家庭属性决定的，另一方面也反映出近年来北京市在加快开发商品房及政策性住房小区时，未能充分考虑就业与居住的平衡，出行者每天需往返于居住地与就业地，给交通系统带来巨大压力。

老城区旧居住小区类型（*OLD*）对出行链长度的影响为正，这与张艳等（2009）的研究结论相类似。这一结果表明，老城区旧居住小区中长距离逆向通勤[1]现象普遍，通常认为与北京市制造业就业岗位的外迁存在一定联系。老城区旧居住小区的出行者倾向于采用自行车和公共交通方式，这很大程度上由其社会经济属性所决定，同时也反映出大力建设连接中心城与外围组团的大容量快速轨道交通对解决各类出行者的通勤出行具有重要意义。

值得注意的是，政策性住房小区对组合出行方式具有正向显著影响（0.092），在一定程度上说明政策性住房小区的出行者驻车换乘行为较明显。北京市政策性住房小区多分布在四环、五环以外的郊区，这些地区的轨道交

[1] 居住在中心城，在外围组团就业，所产生的通勤称为“逆向通勤”。

通站点因周边商业设施不全，给驻车换乘提供了一定条件，从而促进出行者采用组合出行方式。然而，在实地调查中发现，靠近政策性住房小区的轨道交通站点周边通常并不具备正式、完善的停车设施，随意路边停车，甚至非法占道现象十分普遍。

③出行链对出行方式的影响显著，研究假设 1 成立。

复杂链对小汽车、出租车等单一出行方式的影响为正（影响系数分别为 0.566 与 0.325），而对地铁、公共交通及组合方式的影响为负（影响系数分别为 −0.043、−0.039、−0.247）。复杂链涉及多个中途活动地点，组合方式所需的额外停驻以及公共交通相对低下的效率，使得复杂链的出行者更倾向于选择小汽车或出租车出行方式。

出行链长度对出行方式的影响也十分显著，其中对小汽车出行方式和地铁出行方式的影响效应相当，影响系数分别为 0.520 与 0.326。这说明地铁以其准点、出行成本低等优势在中长距离运输中发挥着重要作用，成为小汽车出行方式的有力竞争对手。

（4）结论与建议

优化居民出行方式结构已成为各城市治理交通拥堵的主要思路。快速城市化进程中，居民出行行为日益多样化，影响居民出行方式选择的因素也更加错综复杂。本节选取出行链、土地利用、个人及家庭属性三类影响变量，构建了北京市居民出行方式选择的结构方程模型。根据模型计算结果分析，以下建议可供城市管理者在优化居民出行方式结构时参考。

土地利用是影响居民出行方式选择的深层次原因。随着城市化的推进，北京市以及全国其他城市的土地利用结构日趋多样化，逐步由计划经济下以单位大院为基本单元的职住接近，向市场经济下以商品房小区为主要模式的职住分离转变。随之引发的长距离出行以及对小汽车的高度依赖，值得城市管理者深思。这要求城市管理者一方面针对不同类型居住小区提供差异化的交通服务，另一方面要不断优化土地配置方案及产业布局，平衡职住分布，最大限度地减少居民出行距离，促进居民选择公共交通方式，这一点在新城开发时尤为重要。

小汽车出行方式在复杂链中比例较大，因此为吸引更多居民采用公共交通出行，未来公共交通的规划应从复杂链的特征出发，从运行时间、发车频率、舒适性、换乘便捷度等方面不断改善公共交通的服务水平。同时，还可针对复杂链的特点，提出相应的交通需求管理措施，如进一步提高中心城停车收费价格等，鼓励公共交通或组合方式出行。

对小汽车的拥有和使用可采用限制与引导相结合的方式。一方面，通过提高燃油税、购买税等交通需求管理措施限制小汽车的购买和使用；另一方面，加大驻车换乘系统的建设力度，随轨道交通新线同步规划驻车换乘停车场，在有条件的既有线路站点周边增设驻车换乘停车场，促进居民采用组合方式出行，减少小汽车进入中心城。

为自行车出行方式提供安全、方便的出行环境。合理规划自行车专用道及自行车停车系统，以方便短途出行和公交接驳，打造 B（icycle）+ R（ail）的绿色出行新风尚。

第4章 个体多维选择视角下的城市建成环境与居民出行行为

本章将“城市建成环境”嵌入居民多维选择活动下，研究居民居住选址行为与出行行为的联合选择机制。采用基于广义极值理论的改进 Logit 模型，具体包括居住选址的单维度选择行为建模，出行方式和出发时刻的双维度选择行为建模，居住地址、出行方式和出发时刻的多维度选择行为建模，刻画个体居住选址和多维度出行活动之间的内在关联。

4.1 单维度选择行为：居民居住选址行为

4.1.1 居住选址行为建模的方法演进

居民的各种交通出行行为通常以居住地为起讫点；居住地建成环境是影响居民出行行为的关键空间因素。居民居住选址行为，从根源上决定居民的出行行为结构。此外，它还与住房制度改革、房地产市场等制度经济因素具有深刻的联系，因此一直是交通出行和人文地理领域的研究热点（Boots et al.，1988；Gabriel et al.，1989；Abraham et al.，1997；Guo et al.，2001；Hunt et al.，2002；Deng et al.，2003）。

居住选址建模时，因备选方案在空间上存在相关性，传统刻画个体选择行为的 Logit 模型不再适用。国内外有关居民居住选址建模的研究中，对备选方案之间空间相关性的考虑不足，很大程度上源于计算模型的限制。基于随机效用最大化的离散选择模型是居民居住选址研究中最常用的分析方法。其中，多项 Logit 模型（multinomial Logit，MNL）应用最为广泛，如 Gabriel（1989）和 Guo（2001）构建了居民居住选址的 MNL 模型，并利用模型计算结果进行了预测分析。但由于MNL模型具有IIA（independence of irrelevant alternatives，IIA）性质，即假设备选方案之间是相互独立的，因此将MNL模型应用于空间方案选择中可能会导致预测的失误（Bhat et al.，2004；Koppelman et al.，2008）。随后出现的巢式Logit模型（nested Logit，NL，也称分层Logit模型）允许每个“巢”内的备选方案之间具有相关性，而不同“巢”之间的备选方案是相互独立的，故能在一定程度上克服MNL模型的IIA性质。Boots（1988）、Abraham（1997）、Hunt（2002）、Deng（2003）等利用NL模型研究了居民居住地址选择及其他空间选择问题。NL模型尽管考虑了空间相关性，但在应用上仍具有局限性，即建模时要求研究者事先确定“巢”以及每个“巢”内备选方案的个数，这意味着备选方案集合被人为划分为多个相互独立的子集合，因而不能充分考虑整个空间集合的全局关联性（Bekhor et al.，2008）。

广义极值（generalized extra value，GEV）模型的出现是离散选择模型发展进程中的重大突破，其结构灵活多样，可以捕捉任意备选方案之间的关联性，同时它具有封闭形式的概率表达式，无须借助模拟技术就可以被估计出来（Koppelman et al.，2008）。GEV自McFadden（1978）提出以来多被用于交通出行的离散选择中，如出行方式与出行时间的选择，直到近十几年来，才开始应用于空间选择中（Bhat et al.，2004；Bekhor et al.，2008；李霞 等，2010）。

本节利用GEV模型的理论基础，构造空间相关背景下居民居住选址的配对巢式Logit模型，利用模型对北京市居民居住选址进行参数估计、检验及直接弹性与交叉弹性分析。与其他居民居住选址研究相比，本节研究的不同点在于：①构建基于GEV的配对巢式Logit（paired nested logit，PNL）模型，而非传统MNL或NL模型，刻画居住地备选方案之间的空间相关性；②假定空间相关性不仅存在于相邻的备选方案中，而且广泛存在于各方案之间，采用距离衰减函数描述空间相关性随两个备选方案之间距离的增加而降低。

4.1.2 基于GEV的配对巢式Logit模型

GEV模型允许各备选方案的随机效用项之间存在相关性，根据各备选方案之间关联结构的不同，可形成不同形式的GEV模型，因此通常被称作“GEV家族”（Bhat et al.，2004）。MNL及NL模型是GEV模型的基本类型，其他类型的 GEV 模型还包括 Vovsha（1997）和 Bierlaire（2006）提出的交叉分层 Logit（Cross Nested Logit，CNL）模型、Koppelman 和 Wen（2000；2003）提出的配对交叉 Logit（paired crossed Logit，PCL）模型、Bhat 等（2004）提出的空间交叉 Logit（spatially crossed logit，SCL）模型等。本节在 Koppelman 和 Bhat 研究的基础上，构建考虑空间相关性的居民居住选址的配对巢式 Logit（PNL）模型，该模型也为 GEV 家族的一员。

（1）模型结构

区别于 Bhat 等（2004）的研究，本节在构建模型结构时，假定任意两个居住备选方案之间均存在空间相关性，而不论它们是否相邻。为在模型结构中反映上述假设中的相关性，可将各备选方案两两组合构成一个个的“巢”，形成一种特殊的配对巢式结构，“巢”的个数即为备选方案个数对“2”的组合数。为便于说明，假设备选空间集合包含 4 个空间单元，如图 4-1（a）所示，则可得到其模型结构，如图 4-1（b）所示。

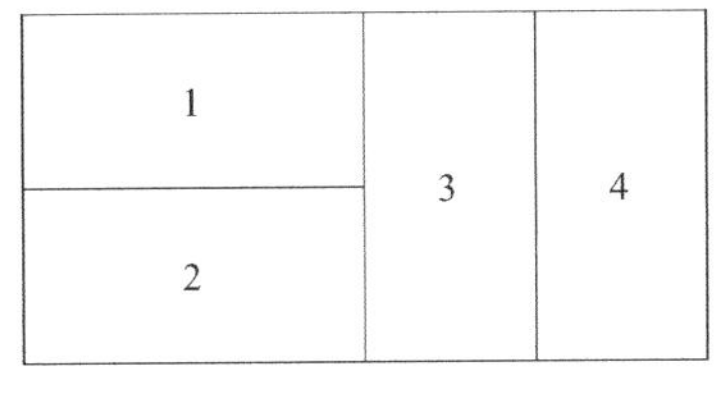

（a）备选空间集合

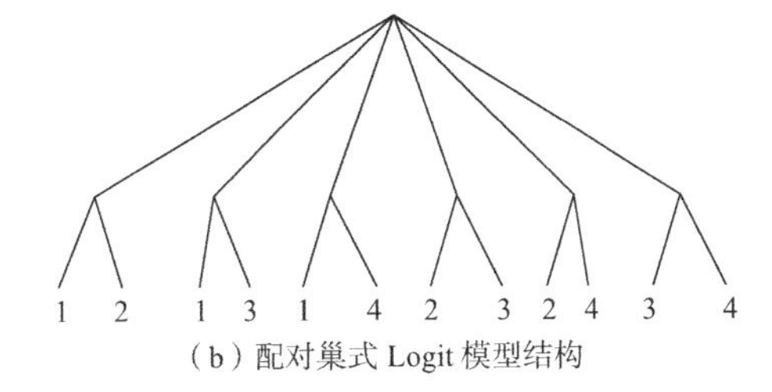

（b）配对巢式 Logit 模型结构

图 4-1　包含 4 个居住备选方案的配对巢式 Logit 模型结构示例

（2）选择概率的推导

GEV 模型的另一个优越性，即能够获得确定形式的选择概率表达式。根据 GEV 模型理论，备选方案的选择概率可由以下 G 函数（Bhat et al.，2004）推导：

$$G(\mathrm{e}^{V_{n1}},\cdots,\mathrm{e}^{V_{nI}})=\sum_{i=1}^{I-1}\sum_{j=i+1}^{I}[(\alpha_{i,ij}\,\mathrm{e}^{V_{ni}})^{1/\rho}+(\alpha_{j,ij}\,\mathrm{e}^{V_{nj}})^{1/\rho}]^{\rho} \tag{4-1}$$

式中，i 为备选居住空间的个数，$i=1，2，\cdots，I$；$\alpha_{i,ij}$ 为分配参数，即备选方案 i 对“i–j 配对”的隶属度，$0<\alpha_{i,ij}<1$，$\forall i,j$，且 $\sum_j \alpha_{i,ij}=1,\forall i$，其中 V_{ni} 为

备选方案 i 对个人 n 的效用的确定项，ρ 为异质参数，用以刻画备选方案之间的相关性，$0<\rho\leqslant 1$。

（注：为表述方便，后面所有表示效用及概率的符号下标中均省略代表选择者的“n”。）

在式（4-1）中，异质参数 ρ 越接近 0，则各备选方案之间的相关性越大，而当 ρ=1 时，各方案之间保持独立，式（4-1）退化为 MNL 模型的 G 函数；分配参数 $\alpha_{i,ij}$ 和 $\alpha_{j,ij}$（$\alpha_{i,ij}=\alpha_{j,ij}$）反映备选方案 i 和 j 之间的相关性，其值越大，相关性也越大。

为反映空间相关性随两备选空间之间距离增加而降低的特性，本节将分配参数 $\alpha_{i,ij}$ 定义为一个距离衰减函数，即：

$$\alpha_{i,ij}=\frac{d_{ij}^{\gamma}}{\sum_{j}d_{ij}^{\gamma}} \tag{4-2}$$

式中，d_{ij} 为备选方案 i 和 j 之间的距离（可用两备选方案空间质心间的距离表示）；γ 为距离衰减系数，未知参数。

假定每个备选方案的效用误差项 ε_i 均服从标准 Gumbel 分布，则 I 个备选方案的联合累积分布函数为：

$$F(\varepsilon_1,\ \varepsilon_2,\cdots,\ \varepsilon_I)=\exp\left\{-\sum_{i=1}^{I-1}\sum_{j=i+1}^{I}[(\alpha_{i,ij}\mathrm{e}^{-\varepsilon_i})^{1/\rho}+(\alpha_{j,ij}\mathrm{e}^{-\varepsilon_j})^{1/\rho}]^{\rho}\right\} \tag{4-3}$$

根据 GEV 模型性质，可推导出第 i 个备选方案的选择概率：

$$\begin{aligned}P_i&=\frac{\sum_{j\neq i}(\alpha_{i,ij}\mathrm{e}^{V_i})^{1/\rho}[(\alpha_{i,ij}\mathrm{e}^{V_i})^{1/\rho}+(\alpha_{j,ij}\mathrm{e}^{V_j})^{1/\rho}]^{\rho-1}}{\sum_{k=1}^{I-1}\sum_{l=i+1}^{I}[(\alpha_{k,kl}\mathrm{e}^{V_k})^{1/\rho}+(\alpha_{l,kl}\mathrm{e}^{V_l})^{1/\rho}]^{\rho}}\\&=\sum_{j\neq i}\frac{(\alpha_{i,ij}\mathrm{e}^{V_i})^{1/\rho}}{(\alpha_{i,ij}\mathrm{e}^{V_i})^{1/\rho}+(\alpha_{j,ij}\mathrm{e}^{V_j})^{1/\rho}}\times\frac{[(\alpha_{i,ij}\mathrm{e}^{V_i})^{1/\rho}+(\alpha_{j,ij}\mathrm{e}^{V_j})^{1/\rho}]^{\rho}}{\sum_{k=1}^{I-1}\sum_{l=i+1}^{I}[(\alpha_{k,kl}\mathrm{e}^{V_i})^{1/\rho}+(\alpha_{l,kl}\mathrm{e}^{V_j})^{1/\rho}]^{\rho}}\\&=\sum_{j\neq i}P_{i|ij}\times P_{ij}\end{aligned} \tag{4-4}$$

式中，$P_{i|ij}$ 为备选方案 i 在“i–j 配对”中的选择概率；P_{ij} 为“i–j 配对”被选择的概率。

式（4-4）中的未知参数包括异质参数 ρ 以及效用函数确定项 V_i 中各变量的系数。

（3）直接与交叉弹性分析

通过直接与交叉弹性分析，可进一步反映配对巢式 Logit 模型与传统 MNL 模型的区别。直接弹性被定义为备选方案 i 的第 k 个效用变量值变化 1% 时，方案 i 选择概率发生的变化；间接弹性则指备选方案 i 的第 k 个效用变量值变化 1% 时，方案 j 选择概率发生的变化。

在此，假设备选方案效用函数的确定项 V_i 是一个线性函数，即：

$$V_i = \sum_{k=1}^{K} \beta_k x_{ik} \tag{4-5}$$

式中，K 为备选方案 i 的系统效用 V_i 所包含的变量个数；x_{ik} 为系统效用 V_i 的第 k 个变量；β_k 为第 k 个变量所对应的未知参数。

根据 Wen 和 Koppelman（2001）的研究，可推导出直接弹性与交叉弹性的表达式，如表 4-1 所示。

MNL 模型与配对巢式 Logit 模型的直接与交叉弹性公式对比 **表 4-1**

模型	直接弹性	交叉弹性
MNL 模型	$(1-P_i)\beta_k x_{ik}$	$-P_i \beta_k x_{ik}$
配对巢式 Logit 模型	$\left\{\sum_{j \neq i} P_{i\mid ij} P_{ij}\left[(1-P_i)+\left(\frac{1}{\rho}-1\right)(1-P_{i\mid ij})\right]\right\} \frac{\beta_k x_{ik}}{P_i}$	$-\left[P_i + \frac{\left(\frac{1}{\rho}-1\right)P_{i\mid ij} P_{ij} P_{j\mid ij}}{P_j}\right]\beta_k x_{ik}$

可以看出，MNL 模型交叉弹性表达式中未包含下标 j，即方案 i 的效用变化对任何方案 j 的影响均相同，这是由 MNL 模型的 IIA 特性决定的；配对巢式 Logit 模型的交叉弹性高于 MNL 模型且其值受方案 j 选择概率的影响，即方案 i 的效用变化对不同方案 j 的影响是不同的，这说明配对巢式 Logit 模型考虑了备选方案之间的相关性。

4.1.3 模型估计与分析

以下将本节所构建的配对巢式 Logit 模型应用于北京市居民居住地址选择，

并将其与传统 MNL 模型作对比。受数据限制，研究时点为 2005 年。

（1）数据来源

本节数据主要来源于北京市 2005 年第三次全市居民出行调查，由北京交通发展研究中心提供。该次调查将全市划分为 178 个交通小区（TAZ），本节选取原城八区（包括朝阳区、海淀区、丰台区、东城区、西城区、崇文区、宣武区、石景山区）所覆盖的 64 个小区，如图 4-2 所示。

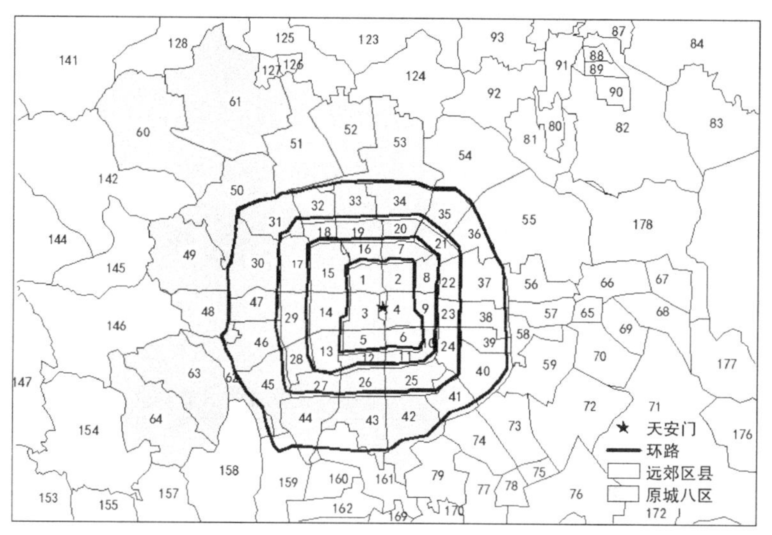

图 4-2　2005 年北京市居民出行调查交通小区划分
（阴影部分为本节所研究的城八区的 64 个小区）

住房数据来源于北京市房地产交易管理网及部分房地产经纪机构网站，共包含 460 个交易实例的详细数据。公用设施的数据来源于 2006 年版《北京生活完全手册》。

（2）变量选择

Alonso（1964）和 Mills（1967）在建立经典空间结构解析模型时指出，居民的居住区位选择是在预算约束下对住房成本和通勤成本进行权衡，追求效用最大化。考虑数据的限制，选取小区住房成本、小区通勤成本、小区人口密度、小区土地混合利用程度、小区主要公用设施个数作为小区特征变量，选取与小区所有家庭年平均收入之差、与小区所有家庭平均人均住房面积之差作为家庭的社会经济属性变量。模型的所有变量说明如表 4-2 所示。

模型的变量说明 **表 4-2**

<table>
<tr><th colspan="2">变量</th><th>性质</th><th>说明</th></tr>
<tr><td rowspan="5">小区特征变量</td><td>住房成本</td><td>连续变量</td><td>交通小区的住房均价（千元 /m^2）</td></tr>
<tr><td>通勤成本</td><td>连续变量</td><td>以通勤距离计算的交通小区的平均通勤成本（km）</td></tr>
<tr><td>人口密度</td><td>连续变量</td><td>交通小区的人口密度（人 /km^2）</td></tr>
<tr><td>土地混合利用程度</td><td>连续变量</td><td>介于 0 ~ 1，描述小区用于居住、商业及其他用途的土地面积比例，混合程度越高，其值越接近 1</td></tr>
<tr><td>主要公用设施个数</td><td>离散变量</td><td>交通小区内占地面积 1000m^2 以上的公用设施个数，包括商场、健身房、影剧院等</td></tr>
<tr><td rowspan="2">家庭属性变量</td><td>家庭年收入与小区平均收入之差</td><td>连续变量</td><td>家庭年收入与交通小区所有家庭平均收入的差值</td></tr>
<tr><td>家庭人均住房面积与小区平均人均住房面积之差</td><td>连续变量</td><td>家庭人均住房面积与交通小区所有家庭平均人均住房面积的差值</td></tr>
</table>

因本节以交通小区（TAZ）作为基本分析单元，所以住房成本和通勤成本等都在区块层面进行平均，作为该区块的特征值。其中，通勤成本的计算方法如下。

通勤成本是指居住在某一交通小区的就业者从居住地到就业地的平均通勤成本（郑思齐 等，2011）。该小区的就业者可能在本小区或其他任何小区就业。因此，计算居住在每一小区中的就业者的平均通勤成本，应求得居住在该小区的就业者到各小区的就业概率及相应的通勤成本，再利用就业概率对通勤成本进行加权平均，即可获得该小区的平均通勤成本。

居住在小区 i 的典型就业者在小区 j 就业的概率 θ_{ij} 可由下式表示：

$$\theta_{ij} = \frac{A_{ij}}{\sum_{j=1}^{n} A_{ij}} \tag{4-6}$$

式中，A_{ij} 为早高峰时期从小区 i 到小区 j 的通勤出行量，反映居住在小区 i 的就业者在小区 j 就业的数量，可由居民出行调查获得。则小区 i 的典型就业者的通勤成本 T_i 为：

$$T_i = \sum_{j=1}^{n} c_{ij}\theta_{ij} \tag{4-7}$$

式中，c_{ij} 为居住在小区 i 的就业者到小区 j 通勤的广义费用，本节用出行距离代替。

（3）参数估计

根据上述变量数据，构建北京市居民居住选址的配对巢式 Logit 模型。需要估计的模型参数包括异质参数 ρ、分配参数 $\alpha_{i,ij}$ 中的距离衰减系数 γ、各效用变量系数 β_k。为将配对巢式 Logit 模型与传统 MNL 模型作对比，同时构建北京市居民居住选址的 MNL 模型。

本节采用 Biogeme 软件包进行参数估计。Biogeme 针对离散选择模型而设计，结构灵活，能够对 GEV 模型家族内的各类模型进行估计，其嵌套的算法包括 CFSQP、DONLP2、SOLVOPT 等（Lawrence et al.，1997）。为提高运行速度，优化算法采用 CFSQP。参数估计结果如表 4-3 所示。

配对巢式 Logit 模型与 MNL 模型的参数估计结果 表 4-3

变量	MNL 模型		配对巢式 Logit 模型	
	参数值	P 值 [a]	参数值	P 值 [a]
住房成本	−0.924	0.018	−0.881	0.021
通勤成本	−1.470	0.000	−1.405	0.001
人口密度	0.089	0.283	0.063	0.227
土地混合利用程度	−0.532	0.025	−0.475	0.029
主要公用设施个数	0.842	0.020	0.919	0.024
家庭年收入与小区平均收入之差	−0.035	0.185	−0.032	0.171
家庭人均住房面积与小区平均人均住房面积之差	−0.016	0.292	−0.009	0.300
异质参数 ρ	1	—	0.419	0.003

续表

变量	MNL 模型		配对巢式 Logit 模型	
	参数值	P 值[a]	参数值	P 值[a]
距离衰减系数 γ	—	—	-1.330	0.002
拟合优度 R^2	0.374		0.588	
配对巢式 Logit 对 MNL 的似然比 LR[b]	6.332（P=0.012）			
样本个数	722			

注：[a] P 值的含义是利用观测值能够作出拒绝原假设（即参数值为零）的最小显著水平，P 值越小，表明其对应的参数越显著；[b] 似然比 LR 用来评估两个模型中哪个模型更适合当前数据分析，其值越大，反映前者对样本数据的适应性越好。

从表 4-3 中两个模型的拟合优度与似然比可以看出，配对巢式 Logit 模型具有比传统 MNL 模型更为优越的统计学特征。二者关于模型变量的参数估计值较为接近。

其中，通勤成本、住房成本、土地混合利用程度等变量的参数值为负，且通勤成本参数值的绝对值大于住房成本。这表明相较于住房成本，通勤成本在居民居住选址决策中所起的作用更大，这可能源于建模数据选取时点为 2005 年，其时北京市房价尚未出现大幅度上涨，且地铁发展较为滞后，居民对通勤距离的敏感程度高于对房价的敏感程度。

反映家庭社会经济属性的家庭年收入与小区平均收入之差、家庭人均住房面积与小区平均人均住房面积之差对居民居住选址的影响不显著，这一结论显著区别于发达国家。产生这一现象的原因可能在于我国房地产市场发育不完善，房地产产品供给市场的细分化不够明显；另外，住房货币化制度实施时间较短，消费者的个人社会经济属性差异在购房选择行为的作用方面尚未得以体现。

值得注意的是，距离衰减系数 γ 为负值，且具有较高的显著性水平，说明分配参数 $\alpha_{i,ij}$ 随两备选方案之间距离的增加而降低。配对巢式 Logit 模型借助这一参数，刻画了空间方案的相关性随距离增加而衰减的特征，克服了以往考虑空间相关性的研究中仅假设相邻小区之间存在相关性的局限性。异质参数 ρ 为 0.419，小于 1，表明备选方案之间具有较高的相关性。

（4）直接与交叉弹性分析

对任意一个家庭而言，直接弹性是指其所在小区某一效用变量的变化而导致其选择该小区居住概率的变化；间接弹性则描述其所在小区某一效用变量的变化而导致该家庭选择其他小区居住概率的变化。为反映空间相关性对交叉弹性的影响，本节选择四个小区进行分析，一个为任选的某一家庭所在小区，其他三个按距离家庭所在小区的远近依次编号。根据表 4-1 的计算公式，可得到配对巢式 Logit 模型以及传统 MNL 模型的直接与交叉弹性，如表 4-4 所示。

MNL 模型和 PNL 模型中各效用变量的直接与交叉弹性　　表 4-4

模型类型	PNL				MNL			
与家庭所在小区的距离（km）		小区 1	小区 2	小区 3		小区 1	小区 2	小区 3
		2.82	6.12	10.90		2.82	6.12	10.90
变量	直接弹性	对不同小区的交叉弹性			直接弹性	对不同小区的交叉弹性		
住房成本	−0.8352	0.0464			−0.6679	0.0572	0.0411	0.0350
通勤成本	−1.2886	0.0029			−1.2014	0.0033	0.0028	0.0017
土地混合利用程度	−0.1513	0.0008			−0.2275	0.0012	0.0009	0.0004
主要公用设施个数	0.9940	−0.0112			0.873	−0.0156	−0.0111	−0.0008

弹性分析进一步反映了配对巢式 Logit 模型与传统 MNL 模型的区别。MNL 模型中各效用变量对不同小区的交叉弹性值相同，这是由 MNL 模型的 IIA 特性决定的。配对巢式 Logit 模型考虑了任意两个备选方案之间的空间相关性，所以效用变量对不同小区的交叉弹性值各不相同，且小区距离事先任选的家庭所在小区越近，其交叉弹性值（的绝对值）越大。

（5）主要结论

空间相关性普遍存在于空间实体之间，是影响居民居住选址的重要因素。然而，现有计算模型的限制使得多数研究未能充分考虑空间相关性的存在。本节在 GEV 模型理论的基础上，构建居民居住选址的配对巢式 Logit 模型，并将其应用于北京市居民居住选址中，得到了如下研究结论。

配对巢式 Logit 模型继承了 GEV 模型家族的优越特征，充分考虑了各备选方案之间的空间相关性，克服了传统 MNL 模型的 IIA 特性；从模型拟合优度及似然比来看，配对巢式 Logit 模型具有比 MNL 模型更优的统计学特征。

将模型分配参数 $\alpha_{i,ij}$ 定义为距离衰减函数，刻画空间相关性随两备选方案之间距离增加而衰减的特性，较之以往研究中仅假定相邻空间具有相关性更接近现实。

对北京的实证研究表明，通勤成本与住房成本是影响居民居住选址的两大重要因素，且通勤成本的影响大于住房成本，而家庭的社会经济属性对居民居住选址行为影响不明显。

4.2 双维度选择行为：出发时间与出行方式的联合选择行为

4.2.1 出发时间和出行方式联合选择行为的建模方法演进

居民出行方式选择在很大程度上决定城市交通结构，是反映城市交通系统效率的关键因素，因而一直是出行行为领域的研究热点。Palmade 等研究了瑞士日内瓦居民工作出行的方式选择，通过模型计算发现个人及家庭的社会经济属性是影响居民工作出行的核心因素（Palmade et al.，2000）；Bharat 等利用 MNL 模型分析了挪威居民出行方式的选择行为，并指出 MNL 模型在预测出行方式选择时可能存在的局限（Bhart et al.，2011）；Limatanakool 等（2006）研究了荷兰居民在中长距离出行中方式选择的影响因素，发现个人及家庭社会经济属性、土地利用及出行时间均是影响方式选择的重要因素；谢秉磊等（2009）利用模糊数学理论模拟了出行者对小汽车和公共交通方式的选择行为；姚荣涵等（2007）运用量子能级跃迁理论定量描述了出行方式的转移规律；刘炳恩等（2008）基于非集计离散选择理论构建了北京市居民出行方式选择的 MNL 模型。

相对而言，对居民出发时间的研究得到的重视不足（Lemp et al.，2010）。直至近年来，交通需求管理理念兴起，弹性工作制、拥挤收费等交通需求管理措施的实施，要求管理者能够准确把握居民的出发时间规律，因此对居民出发时间的研究逐渐得到重视。Saleh 和 Farrell（2005）构建了爱丁堡中心城居民工作出行与非工作出行的出发时间选择模型，利用模型模拟了当收取拥挤费用时出行者出发时间的变化情况；Ozbay 和 Yanmaz-Tuzel（2008）建立了考虑出行时间价值的出发时刻选择模型，利用模型分析评价美国新泽西州出台的拥挤收费政策。

目前多数研究通常将出行方式与出发时间分开来考虑，忽略了二者之间的内在联系。事实上，出行方式与出发时间之间存在密切联系，如高峰时段人们更倾向于选择公共交通方式，居民出行时常将二者联合起来综合决策。有关出发时间和出行方式的联合选择研究较鲜见。Bhat（1998）采用 MNL 模型分析了都市购物者出行方式与出发时间联合选择问题，但 MNL 模型具有 IIA 性质，即假设备选方案之间相互独立，因而无法刻画不同出发时间段之间以及不同出行方式之间的关联性；Gerard 等（2003）将改进的混合 Logit 模型应用于出发时间和出行方式的联合选择中，尽管混合 Logit 模型允许各备选方案之间存在相关性，但求解要借助计算机模拟技术，不适合大规模居民出行的预测分析。

广义 Logit 模型是另外一种改进模型，以 GEV 理论（Wen et al.，2001；Bekhor et al.，2008;Pinjari，2011）为基础，既能考虑备选方案之间的相关性，且无须借助模拟技术即能推导出封闭形式的选择肢概率表达式，具有较强的优越性。

鉴于以上分析，本节采用广义 Logit 家族中的分层 Logit（nested Logit，NL）模型（也称巢式 Logit 模型），尝试刻画日益增长的交通拥堵背景下，居民出发时间与出行方式的联合选择行为，检验出行效用变量改变对出发时间和出行方式的影响程度，以期为评价交通规划与管理政策、缓解城市交通拥堵提供理论依据。

4.2.2 出发时间和出行选择联合选择行为的分层 Logit 模型

分层 Logit 模型表现为分层次的巢式结构，允许每个“巢”内的选择肢之间存在相关性，而不同“巢”的各选择肢之间保持独立，故能在一定程度上克服 MNL 模型的 IIA 特性（Wen et al.，2001）。NL 模型具有封闭形式的概率表达式，适合大规模的居民出行预测分析。

构建出发时间与出行方式联合选择的 NL 模型，需解决 3 个关键问题：①模型结构的确定，即如何确定“时间选择肢”与“方式选择肢”的位置关系；②时间选择肢的表示方法，即如何划分一天中的各时间段；③效用函数的确立。

（1）模型结构

在 NL 模型中，不同类型的选择肢处于不同的层次，即时间选择肢与方式选择肢分别处于模型的两个层次。一般而言，对效用变量（如出行费用等）变化的敏感性较大的选择肢位于模型的下层，反之位于上层。为检验出发时间与出行方式的相对敏感性，以下构建两种不同结构的 NL 模型，分别如图 4-3 和图 4-4 所示。图 4-3 所示模型结构中，出行方式位于上层，出发时间位于下层；图 4-4 所示模型结构则反之。

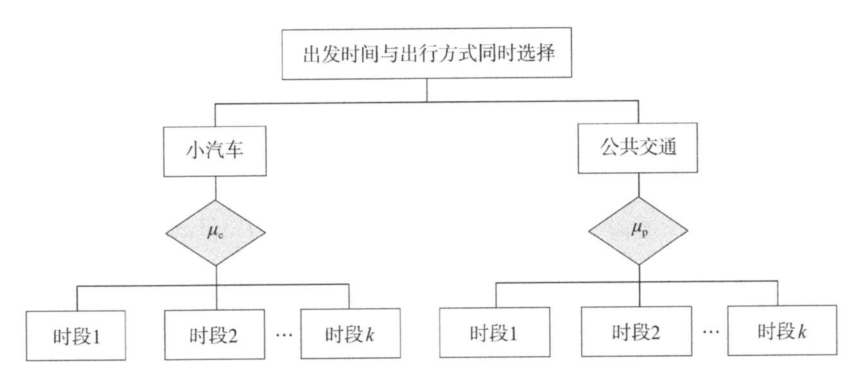

图 4-3　出行方式位于出发时间之上的 NL 模型结构

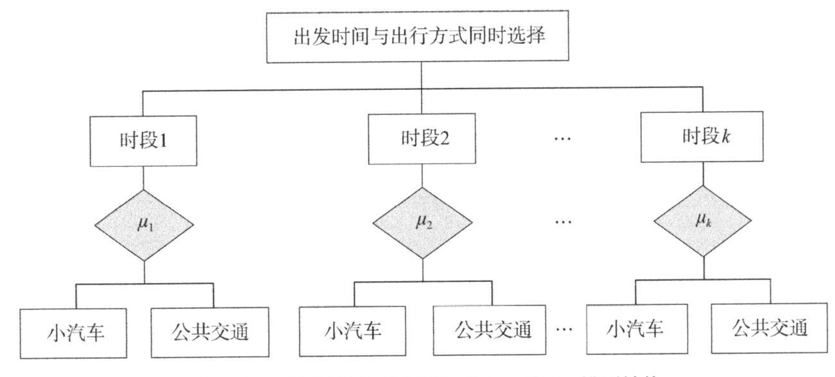

图 4-4　出发时间位于出行方式之上的 NL 模型结构

小汽车和公共交通是当前中国大城市中最主要的两种出行方式，因此模型的出行方式选择子集合 m 包含 2 个选择肢，即小汽车和公共交通；出发时间子集合 t 包含 k 个选择肢，即 k 个时间段。模型的最终选择集合 $C=c_1$，⋯，c_I 为 $m=2$ 和 $t=k$ 的联合选择集合，共包含 $I=2k$ 个备选方案。

μ（$0<\mu\leqslant 1$）为异质参数（dissimilarity parameter），是 NL 模型中的重要参数，反映模型每个“巢”内各选择肢的相关程度（Wen et al.，2001）。μ_c 反映小汽车方式在不同时间段的相关程度（μ_p 反映公共交通方式在不同时段的相关程度），其值越接近 0 相关性越大，越接近 1 相关性越小，当 $\mu_c=\mu_p=1$ 时，模型退化为 MNL 模型；类似地，μ_k 反映第 k 时段内不同出行方式之间的相关程度，其值越接近 0 相关性越大，越接近 1 相关性越小，当 $\mu_k=1$ 时，模型退化为 MNL 模型。

（2）时间选择肢的表示方法

出发时间段的划分方式直接影响模型的参数标定结果。为比较不同划分方法对模型结果的影响，此处选取 2 种划分方法：方法 1 将 1 天划分为 24 个时段，每个时段为 1h，编号为 1，⋯，24；方法 2 则按照高峰与非高峰时段，将 1 天划分为 5 个时段，分别为早高峰前 0:00 ~ 6:59、早高峰 7:00 ~ 9:29、中间时段 9:30 ~ 15:59、晚高峰 6:00 ~ 19:29、晚高峰后 19:30 ~ 24:00。

（3）效用函数与选择概率

根据随机效用最大化理论，若对出行者 n 而言方案 c_i（$i=1$，2，⋯，I；$c_i\in C$）的效用为 $U_{i,n}$，则当且仅当 $U_{i,n}>U_{j,n}$（$j\in C$，$\forall j\neq i$）时，出行者 n 选择方案 c_i。

$U_{i,n}$ 是一个随机变量，它由确定性的系统项 $V_{i,n}$ 和随机的效用误差项 $\varepsilon_{i,n}$ 组成。系统项是效用变量（通常包括备选方案属性变量和出行者特征变量）的函数，随机项描述研究者无法观察到的因素对方案效用的影响。

$$U_{i,n}=V_{i,n}+\varepsilon_{i,n} \tag{4-8}$$

效用函数可由一种或多种函数形式表达，考虑到结果分析和系数标定的方便性，通常采用线性函数作为效用函数的表达式，即：

$$V_{i,n}=\sum_{l=1}^{L}\theta_l X_{i,n,l} \tag{4-9}$$

式中，$X_{i,n,l}$ 为出行者 n 的第 i 个方案的第 l 个变量值；L 为 i 个方案包含的变量个数；θ_l 为待定系数。

通过分析出行者的选择行为，并考虑数据的可获得性，最终确定出三类共 9+k（k 为一天划分的时间段数）个效用变量，分别是出行者特征变量、行程特性变量以及出行方式的服务水平变量，具体如表 4-5 所示。模型各效用变量的系数采用极大似然法（Bierlaire，2006）进行估计。

出行方式和出发时间联合选择模型的变量选取与说明　　**表 4-5**

类别	变量名		含义
出行者特征变量	年龄	年龄段 1	哑变量，年龄在 25 岁及以下取 1，否则取 0
		年龄段 2	哑变量，年龄在 26 ~ 55 岁取 1，否则取 0
		年龄段 3	哑变量，年龄在 56 岁及以上取 1，否则取 0
	收入	收入段 1	哑变量，月收入低于 5000 元取 1，否则取 0
		收入段 2	哑变量，月收入在 5001 ~ 10000 元取 1，否则取 0
		收入段 3	哑变量，月收入大于 10000 元取 1，否则取 0
	是否拥有小汽车		哑变量，是取 1，否则取 0
出行方式服务水平变量	出行总时间		连续变量，一次出行耗费的时间（min）
	出行总费用		连续变量，小汽车出行的总费用用与距离相关的油费表示，公共交通则用票价表示（元）
行程特性变量	出发时间	δ_1，δ_2，…，δ_k	共 k 个哑变量，分别表示是否在第 k 个时段出发，是取 1，否则取 0

注：出行费用计算时小汽车每百公里耗油按 8L 计。

假定每个备选方案的效用误差项均服从标准 Gumbel 分布，则根据备选方案的联合累积分布函数，可推导出分层 Logit 模型中第 i 个备选方案的选择概率（Bierlaire，2006）。

$$P(i)=P(m)\cdot P(i|m)=\frac{\left[\sum_{i\in N_m}(\mathrm{e}^{V_i})^{1/\mu_m}\right]^{\mu_m}}{\sum_m\left[\sum_{i\in N_m}(\mathrm{e}^{V_i})^{1/\mu_m}\right]^{\mu_m}}\cdot\frac{(\mathrm{e}^{V_i})^{1/\mu_m}}{\sum_{i\in N_m}(\mathrm{e}^{V_i})^{1/\mu_m}} \tag{4-10}$$

式中：$P(i)$ 为选择第 i 个备选方案的概率；$P(m)$ 为选择巢 m 的概率；$P(i|m)$

为选择巢 m 条件下选择第 i 个备选方案的条件概率；N_m 为巢 m 中的选择肢集合；V_i 为选择第 i 个备选方案的系统效用。

4.2.3 模型估计与分析

本节以单次出行为分析单元，出行目的包括工作和非工作出行，数据来源于 2009 年北京市原城八区居民出行的小样本调查，由北京交通发展研究中心提供，共选用 2319 个有效样本。

（1）参数估计结果

通过 Biogeme 软件平台，编制描述模型结构文件、系统参数文件与数据样本文件，对上述出发时间和出行方式同时选择的 NL 模型进行参数估计和检验，并按两种时间段划分方式分别进行。为比较 NL 模型与 MNL 模型的区别，同时列出 MNL 模型的参数估计结果，分别如表 4-6 和表 4-7 所示。

时间划分方法 1 的模型参数估计结果 表 4-6

模型类型	MNL 模型		出发时间位于下层的 NL 模型		出行方式位于下层的 NL 模型	
变量	参数估计值	*t*-stat	参数估计值	*t*-stat	参数估计值	*t*-stat
出行总耗时 *TT*（min）	−0.0492*	−14.211	−0.0523*	−14.205	−0.041*	−13.817
出行总费用 *TC*（元）	−0.008*	−6.220	−0.007*	−5.873	−0.007*	−6.104
是否在时段 6 出发 δ_6	−2.471	−1.300	−2.034	−1.055	−1.982	−1.000
是否在时段 7 出发 δ_7	−0.823	−0.924	−1.239	−0.940	−0.984	−0.917
是否在时段 8 出发 δ_8	0.000	—	0.000	—	0.000	—
是否在时段 9 出发 δ_9	0.405*	2.697	0.412*	2.876	0.468*	3.332
是否在时段 10 出发 δ_{10}	−0.029	−0.652	−0.018	−0.535	−0.020	−0.533
是否在时段 11 出发 δ_{11}	−0.773	−0.900	−0.690	−0.840	−0.708	−0.829
是否在时段 12 出发 δ_{12}	−2.845	−1.363	−2.952	−1.472	−2.785	−1.443
是否在时段 13 出发 δ_{13}	−4.077*	−3.609	−4.031*	−3.601	−3.372*	−3.197
是否在时段 14 出发 δ_{14}	−0.882	−1.026	−0.653	−0.818	−0.794	−0.903
是否在时段 15 出发 δ_{15}	−1.235	−1.144	−0.998	−1.005	−1.234	−1.188

续表

模型类型	MNL 模型		出发时间位于下层的NL 模型		出行方式位于下层的NL 模型	
变量	参数估计值	*t*-stat	参数估计值	*t*-stat	参数估计值	*t*-stat
是否在时段 16 出发 δ_{16}	0.352*	2.370	0.309*	2.354	0.450*	3.062
是否在时段 17 出发 δ_{17}	1.030*	4.257*	0.992*	3.874	0.999*	3.944
是否在时段 18 出发 δ_{18}	1.266*	4.842	1.068*	4.414	1.107*	4.540
是否在时段 19 出发 δ_{19}	1.383*	5.020	1.184*	4.824	1.202*	4.903
是否在时段 20 出发 δ_{20}	0.081*	2.238	0.076	1.878	0.076	1.822
是否在时段 21 出发 δ_{21}	−2.054*	−1.315	−2.001	−1.255	−1.894	−0.909
是否在时段 22 出发 δ_{22}	−1.796	−1.109	−1.864	−1.301	−1.645	−0.885
是否在时段 23 出发 δ_{23}	−3.283	−1.635	−3.559	−1.850	−3.093	−1.474
年龄段 2	1.190	1.708	2.353*	3.116	1.221	1.843
年龄段 3	−0.776	−0.812	−1.084	−0.829	−0.992	−0.918
收入段 1	−0.474	−0.488	−0.333	−0.388	−0.400	−0.524
收入段 3	2.108*	4.434	2.200*	4.640	2.240*	4.652
是否拥有小汽车	8.075*	7.241	7.924*	7.019	7.981*	7.045
异质参数 μ	—		μ_c=0.574 μ_p=0.803		μ_7=0.901，μ_8=0.866 μ_9=0.902，μ_{16}=0.953 μ_{17}=0.891，μ_{18}=0.808 μ_{19}=0.811，μ_{20}=0.916	
样本数	2204		2204		2204	
调整后的拟合优度	0.341		0.412		0.367	

在表 4-6 中，为使模型更易于识别和分析，δ_8 预设为 0；标注 * 表示该参数显著不等于 0，显著性水平取 0.05。出行方式位于下层的 NL 模型中，仅列出显著不等于 1 的异质参数，显著性水平也取 0.05。此外，因剔除了个别样本数较少的时段数据，故样本数降至 2204。

时间划分方法 2 的模型参数估计结果 表 4-7

模型类型	MNL 模型		出发时间位于下层的 NL 模型		出行方式位于下层的 NL 模型	
变量	参数估计值	*t*-stat	参数估计值	*t*-stat	参数估计值	*t*-stat
出行总耗时 *TT*（min）	−0.068*	−15.501	−0.0701*	−16.116	−0.088*	−16.826
出行总费用 *TC*（元）	−0.010*	−8.216	−0.0118*	−8.309	−0.009*	−7.204
是否在早高峰前出发 δ_1	−5.211*	−7.482	−4.767*	−7.040	−5.392*	−7.917
是否在早高峰出发 δ_2	0.000	—	0.000	—	0.000	—
是否在中间时段出发 δ_3	−3.234*	−4.065	−3.004*	−4.025	−4.824*	−4.591
是否在晚高峰出发 δ_4	0.792	1.728	0.625	1.474	0.927	1.903
是否在晚高峰后出发 δ_5	−0.886	−1.901	−0.763	−1.809	−0.908*	−2.284
年龄段 2	3.312*	3.883	2.983*	3.436	3.438*	4.042
年龄段 3	−0.945	−1.715	−0.966	−1.725	−1.303	−1.884
收入段 1	−0.385	−0.900	−0.309	−0.759	−0.333	−0.820
收入段 3	2.941*	4.823	3.022*	4.920	2.918*	4.716
是否拥有小汽车	8.108*	7.009	6.360*	6.741	8.485*	7.308
异质参数	—		μ_c=0.703 μ_p=0.800		μ_1=0.928，μ_2=0.804 μ_3=0.976，μ_4=0.812 μ_5=0.945	
样本数	2319		2319		2319	
调整后的拟合优度	0.338		0.404		0.356	

注：为使模型更易于识别和分析，δ_2 预设为 0。

通过对比表 4-6、表 4-7 中各种模型调整后的拟合优度可以发现，将一天划分为 24 个时段的模型略优于将一天划分为 5 个时段的模型。两种时间划分方式下，NL 模型均优于 MNL 模型，其中出发时间位于下层的 NL 模型对样本数据的拟合程度最高。出发时间位于模型下层，意味着相较于出行方式，出发时间对出行效用变量（如出行费用）的改变更为敏感，即若出行效用变量改变时，出行者首先考虑变更出发时间，其次才会考虑变更出行方式。

出行总耗时和出行总费用的参数估计值均为负，且显著性较高，符合研究的预期。年龄段 2 与收入段 3 的参数值为正且在多个模型中均显著，表明年龄处于 26 ~ 55 岁以及月收入在 10000 元以上对出行具有正效应；是否拥有小汽车对出行也具有显著正效应。

表 4-6 所示出发时间位于下层的 NL 模型中，异质参数 μ_c=0.574<1，μ_p=0.803<1，表明同一种出行方式在不同出发时间段内具有较强的相关性（或可替代性），且小汽车的相关性大于公共交通，说明当效用变量改变时，小汽车出行者更易变更其出发时间。相比之下，出行方式位于下层的 NL 模型中，异质参数普遍较大，接近 1，表明同一时段内各出行方式之间的相关性（可替代性）较小。表 4-7 所示两种 NL 模型的异质参数也呈现出类似的规律性。

（2）预测与模拟分析

收取高峰时段小汽车出行费用，能均衡流量的时间分布，促使人们选择公共交通方式，是国外已证明行之有效的交通需求管理措施。为检验该措施对北京市居民出发时间和出行方式的影响程度，以下对模型进行预测与模拟分析。

为便于分析，选择一天包含 5 个时段的划分方式，并选用拟合度较高的出发时间位于下层的 NL 模型结构。根据表 4-7 中模型参数估计结果，利用式（4-10）计算每个出行者的出行选择概率，再借助 Monte-Carlo 仿真法（Lahiri et al.，2002）集计出每个备选方案的选择概率，预测结果如表 4-8 ~ 表 4-10 中左半部分所示。对比实际比例与预测比例，可以看出模型预测精度较高。

早高峰时段收取小汽车费用分别为 5 元、10 元和 20 元时，居民出发时间和出行方式的变化预测结果分别如表 4-8 ~ 表 4-10 中右半部分所示。对角线上的数字代表当收取高峰时段费用时，仍坚持原有出发时间和出行方式的居民所占比例，其他位置的数字则代表由原有出行方案转向其他方案的居民比例。例如，当收取 10 元时，早高峰时段选择小汽车出行方式的居民中有 51.7% 的比例仍坚持原有的出行方案，7.9% 的比例改为公共交通出行方式，25% 和 15.4% 的比例仍坚持选择小汽车出行方式，但分别提前和推迟出发。图 4-5 反映了收取不同费用时早高峰时段小汽车使用者出行方式与出发时间的改变情况。

早高峰时段收取小汽车费用 5 元时出行方式和出发时间变化的敏感性分析　表 4-8

出发时间	出行方式	实际比例（%）	预测比例（%）	早高峰前		早高峰		中间时段		晚高峰		晚高峰后	
				小汽车（%）	公共交通（%）	小汽车（%）	公共交通（%）	小汽车（%）	公共交通（%）	小汽车（%）	公共交通（%）	小汽车（%）	公共交通（%）
早高峰前	小汽车	7.1	6.5	**99.3**	0.2	0.0	0.5	0.0	0.0	0.0	0.0	0.0	0.0
	公共交通	2.4	1.7	0.0	**99.9**	0.0	0.1	0.0	0.0	0.0	0.0	0.0	0.0
早高峰	小汽车	14.7	15.5	16.0	0.2	**72.6**	4.8	6.4	0.0	0.0	0.0	0.0	0.0
	公共交通	16.6	16.7	0.0	6.7	0.0	**89.8**	0.0	3.5	0.0	0.0	0.0	0.0
中间时段	小汽车	7.4	7.0	0.0	0.0	0.0	0.0	**98.4**	1.6	0.0	0.0	0.0	0.0
	公共交通	9.5	9.1	0.0	0.0	0.0	0.0	0.2	**99.8**	0.0	0.0	0.0	0.0
晚高峰	小汽车	21.2	22.8	0.0	0.0	0.0	0.0	0.1	0.0	**99.6**	0.0	0.3	0.0
	公共交通	12.8	13.2	0.0	0.0	0.0	0.0	0.0	1.4	0.0	**95.8**	0.0	2.8
晚高峰后	小汽车	6.4	5.9	0.0	0.0	0.0	0.0	0.0	0.0	0.0	0.0	**99.9**	0.1
	公共交通	1.9	1.6	0.0	0.0	0.0	0.0	0.0	0.0	0.0	0.0	0.0	**100**

早高峰时段收取小汽车费用 10 元时出行方式和出发时间变化的敏感性分析　表 4-9

出发时间	出行方式	实际比例（%）	预测比例（%）	早高峰前		早高峰		中间时段		晚高峰		晚高峰后	
				小汽车（%）	公共交通（%）	小汽车（%）	公共交通（%）	小汽车（%）	公共交通（%）	小汽车（%）	公共交通（%）	小汽车（%）	公共交通（%）
早高峰前	小汽车	7.1	6.5	**96.2**	0.6	0.0	3.2	0.0	0.0	0.0	0.0	0.0	0.0
	公共交通	2.4	1.7	0.0	**99.9**	0.0	0.1	0.0	0.0	0.0	0.0	0.0	0.0
早高峰	小汽车	14.7	15.5	25.0	0.0	**51.7**	7.9	15.4	0.0	0.0	0.0	0.0	0.0
	公共交通	16.6	16.7	0.0	10.4	0.0	**80.6**	0.0	9.0	0.0	0.0	0.0	0.0
中间时段	小汽车	7.4	7.0	0.0	0.0	0.0	0.0	**98.2**	1.8	0.0	0.0	0.0	0.0
	公共交通	9.5	9.1	0.0	0.0	0.0	0.0	0.9	**99.1**	0.0	0.0	0.0	0.0
晚高峰	小汽车	21.2	22.8	0.0	0.0	0.0	0.0	0.0	0.0	**99.9**	0.0	0.1	0.0
	公共交通	12.8	13.2	0.0	0.0	0.0	0.0	0.0	1.5	0.0	**96.2**	0.0	2.3
晚高峰后	小汽车	6.4	5.9	0.0	0.0	0.0	0.0	0.0	0.0	0.0	0.0	**99.9**	0.1
	公共交通	1.9	1.6	0.0	0.0	0.0	0.0	0.0	0.0	0.0	0.0	0.0	**100**

早高峰时段收取小汽车费用 20 元时出行方式和出发时间变化的敏感性分析　表 4-10

出发时间	出行方式	实际比例（%）	预测比例（%）	早高峰前		早高峰		中间时段		晚高峰		晚高峰后	
				小汽车（%）	公共交通（%）	小汽车（%）	公共交通（%）	小汽车（%）	公共交通（%）	小汽车（%）	公共交通（%）	小汽车（%）	公共交通（%）
早高峰前	小汽车	7.1	6.5	**93.3**	2.3	0.0	4.4	0.0	0.0	0.0	0.0	0.0	0.0
	公共交通	2.4	1.7	0.0	**99.9**	0.0	0.1	0.0	0.0	0.0	0.0	0.0	0.0
早高峰	小汽车	14.7	15.5	30.2	0.0	**27.5**	11.9	30.4	0.0	0.0	0.0	0.0	0.0
	公共交通	16.6	16.7	0.0	10.4	0.0	**80.6**	0.0	9.0	0.0	0.0	0.0	0.0
中间时段	小汽车	7.4	7.0	0.0	0.0	0.0	0.0	**92.7**	7.3	0.0	0.0	0.0	0.0
	公共交通	9.5	9.1	0.0	0.0	0.0	0.0	1.2	**98.8**	0.0	0.0	0.0	0.0
晚高峰	小汽车	21.2	22.8	0.0	0.0	0.0	0.0	0.0	0.0	**99.9**	0.0	0.1	0.0
	公共交通	12.8	13.2	0.0	0.0	0.0	0.0	0.0	0.3	0.0	**97.7**	0.0	2.0
晚高峰后	小汽车	6.4	5.9	0.0	0.0	0.0	0.0	0.0	0.0	0.0	0.0	**100**	0.0
	公共交通	1.9	1.6	0.0	0.0	0.0	0.0	0.0	0.0	0.0	0.0	0.0	**100**

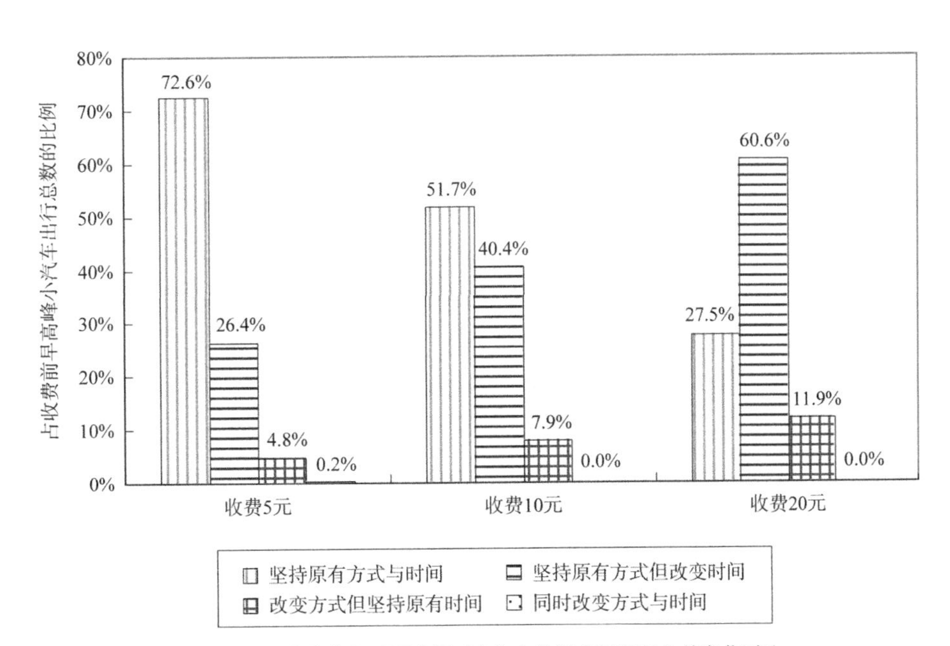

图 4–5　早高峰收取不同费用时小汽车使用者出行行为的变化对比

可以看出，随着收取费用的增加，早高峰时段的交通流被削平，交通流量的时间分布趋于均衡；同时，需要引起管理者注意的是，收取高峰时段费用，对出行方式的影响不明显，也就是说，以现阶段北京市公共交通的服务水平，高峰时段额外收取小汽车费用尚不足以吸引大量小汽车出行者转向公共交通。

（3）主要结论

把握居民出发时间和出行方式的联合选择规律，是制定和评价交通政策（尤其是交通需求管理政策）的重要前提。本节通过构建不同结构的分层Logit模型，并将其应用于北京市居民出发时间和出行方式的同时选择中，得到了以下主要研究结论。

分层Logit模型考虑了备选方案间的相关性，能够克服传统MNL模型的IIA特性，且无须借助计算机模拟技术即可求得选择方案的概率表达式；从对2009年北京市居民出行数据的拟合优度看，分层Logit模型具有比MNL模型更优的统计学特征。

两种时间段划分方式下的模型拟合结果均表明，出发时间位于下层、出行方式位于上层的NL模型结构较优。这意味着出发时间之间的替代性大于出行方式之间的替代性，当出行效用变量改变时，出行者首先变更其出发时间，其次才会考虑变更出行方式。

对早高峰时段收取小汽车费用的居民出行模拟分析表明，随着收取费用的增加，交通流的时间分布趋于均衡，而相较之下，居民交通方式的改变不明显，由小汽车出行方式转向公共交通出行方式的居民比例不高。北京市应从换乘便捷度、发车频率、舒适性、准点性等方面不断提高公共交通的服务水平，以此吸引更多居民选择公共交通出行，同时可对小汽车出行适当采取强制限制手段。

4.3 多维度选择行为：居住地、出行方式与出发时间的联合选择行为

4.3.1 多维选择行为建模的方法演进

不同的居住区位与类型，其居民出行行为差异显著。例如，Desalvo与Huq（2005）通过研究发现高收入人群倾向于选择远离中心区居住，采用小汽

车通勤方式，而低收入者则具有相反的选择偏好。Lerman（1976）和 Brown（1986）先后指出，居民出行行为与居住选址不是相互孤立的两个事物，有必要通过建立模型来描述二者的关联性。自 20 世纪 60 年代至今，居民出行行为与居住地选择一直是交通、地理及房地产等领域的研究热点（Lowry，1964；Putman，1991；Cervero，2002；Khattak et al.，2005）。

出行方式和出发时间的选择是居民出行行为的核心内容，且出行方式与出发时间之间也存在关联性，如高峰时段人们倾向于采用公共交通方式。将出行方式、出发时间与居住地选择置于同一个模型中进行考量，对于把握居住地与出行行为之间关系，揭示居民出行的时空分布规律具有重要意义。然而就目前的研究而言，有关居住地、出行方式与出发时间的三维选择问题鲜见，这在一定程度上源于计算模型的限制。

基于随机效用最大化的离散选择模型是居住地选择与出行行为选择研究中最常用的分析方法，其中，多项 Logit（multinomial Logit，MNL）模型应用最为广泛（Gabriel，1989；Albert，1993；Guo et al.，2001；Wafaa，2005）。然而，MNL 模型具有 IIA 性质，即假设每个备选方案的效用随机项相互独立且服从 Gumbel 分布，故 MNL 模型无法刻画备选方案之间的关联性，易导致预测失误（Koppelman，2008；Bhat et al.，2004）。

随后出现的分层 Logit（nested Logit，NL）模型允许每个“巢”内的备选方案之间具有相关性，而不同“巢”之间的备选方案是相互独立的，故能在一定程度上克服 MNL 模型的 IIA 性质。但 NL 模型在应用上仍具有局限性（Bekhor et al.，2008），对于居住地、出行方式、出发时间的三维联合选择问题，NL 模型仅能考虑备选方案在一个维度上的关联性。例如，若以居住地建立巢式结构，则模型仅考虑选择相同居住地的备选方案之间的关联性。

广义极值（generalized extra value，GEV）模型的出现，是离散选择模型发展进程中的重大突破，其结构灵活多样，可以捕捉任意备选方案之间的关联性，同时它具有封闭形式的概率表达式，无须借助模拟技术就可以被估计出来（Bekhor et al.，2008）。

GEV 模型自提出以来多被用于出行行为分析，如出行方式（Kenneth，1994；Swait，2001）与出行时间（Bhat，1998）的选择，直至近年才开始应用于空间选择中。

本节利用 GEV 模型理论构造一种交叉分层模型结构，并将其应用于北京市居民居住地、出行方式与出发时间的联合选择中。与其他相关研究相比，本节研究的不同点在于：①分析居住地、出行方式与出发时间的联合选择行为，而非居住地或出行行为的单一选择；②构建基于 GEV 模型理论的交叉分层 Logit 模型（CNL），同时考虑备选方案在居住地、通勤方式和出发时间三个维度上的关联性，并将其与各种类型的 NL 模型作对比。

4.3.2 居住地、出行方式和出发时间联合选择的交叉分层 Logit 模型

本节在 Bierlaire（2006）、Hess 和 Polak（2006）研究的基础上，构建居住地、出行方式与出发时间联合选择的交叉分层 Logit（cross nested Logit，CNL）模型，该模型也为 GEV 家族的一员。

（1）模型结构

本节以早高峰时段的通勤出行为研究对象。首先定义模型的选择项集合，它由三个子集合组成，即居住地子集合 r、出行方式子集合 md 和出发时间子集合 t。居民在选择住宅区位时，通常以工作地为中心，以最大通勤距离为半径，考虑可选择空间内的住宅，因此居住地选择子集合 r 为与工作地之间的不同距离范围，包含 4 个选择肢，分别是居住地与工作地距离小于 5km、5 ~ 10km、10 ~ 20km 和大于 20km 的不同环形区域。出行方式子集合 md 包含 3 个选择肢，分别是步行 / 自行车、公共交通、小汽车；出发时间子集合 t 包含 3 个选择肢，分别是早高峰前 0:00 ~ 6:59、早高峰 7:00 ~ 9:29、早高峰后 9:30 ~ 24:00。模型的最终选择集 $C=c_1, \cdots, c_I$ 为 $r=4$，$md=3$ 和 $t=3$ 的联合选择集合，共包含 $I=4\times3\times3=36$ 个备选方案。

为便于比较，以下分别构建居住地、出行方式与出发时间联合选择的 NL 模型与 CNL 模型。

NL 模型允许每个“巢”内的备选方案之间具有相关性，而不同“巢”之间的备选方案相互独立。一般而言，NL 模型包含两个层次，不同类型的选择肢处于不同的层次。对于居住地、出行方式与出发时间的三维联合选择问题，则有三种可能的模型结构。若以居住地进行嵌套，则 NL 模型结构如图 4-6 所示。

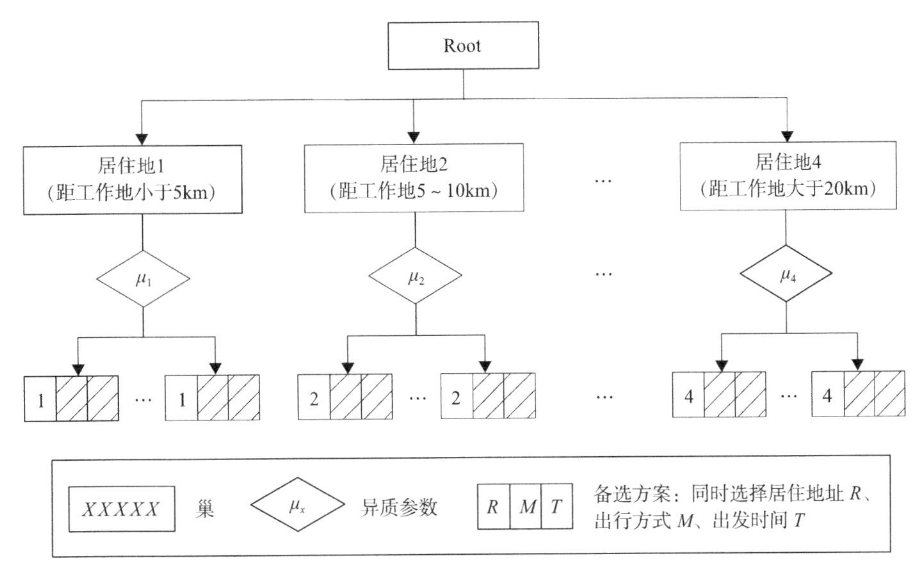

图 4-6　居住地、出行方式与出发时间同时选择的 NL 模型（以居住地嵌套）

图 4-6 中的 μ（$0 < \mu \leqslant 1$）为异质参数（dissimilarity parameter）（Wen et al.，2001），是 NL 模型中的重要参数，它反映模型每个“巢”内各选择肢的相关程度。例如，μ_1 反映选择居住地距离工作地小于 5km 时，不同的出行方式与出发时间之间的相关程度，其值越接近 0 相关性越大，越接近 1 相关性越小，当 $\mu_1= \cdots =\mu_4=1$ 时，模型退化为 MNL 模型。

如前所述，NL 模型仅能考虑备选方案在一个维度上的关联性[1]，如图 4-6 所示 NL 模型，只允许选择相同居住地的备选方案之间具有关联性。为克服 NL 模型的局限性，以下构建居住地、出行方式、出发时间同时选择的 CNL 模型，如图 4-7 所示（分配参数 α 未出现在图中且仅列出部分备选方案）。

与 NL 模型不同，CNL 模型中每个备选方案可以隶属于两个以上的“巢”，备选方案对某个巢的隶属度用分配参数 α 表示，α_{im} 为方案 i 对巢 m 的隶属度。对备选方案 i，有 $\sum_m \alpha_{im} = 1$。

[1] NL 模型可以拓展为二层以上的多层次巢式结构，但多层次巢式结构不仅求解较困难，且应用于三维选择问题时，至多只能考虑备选方案在两个维度上的关联性，详见 Hess 等的研究。

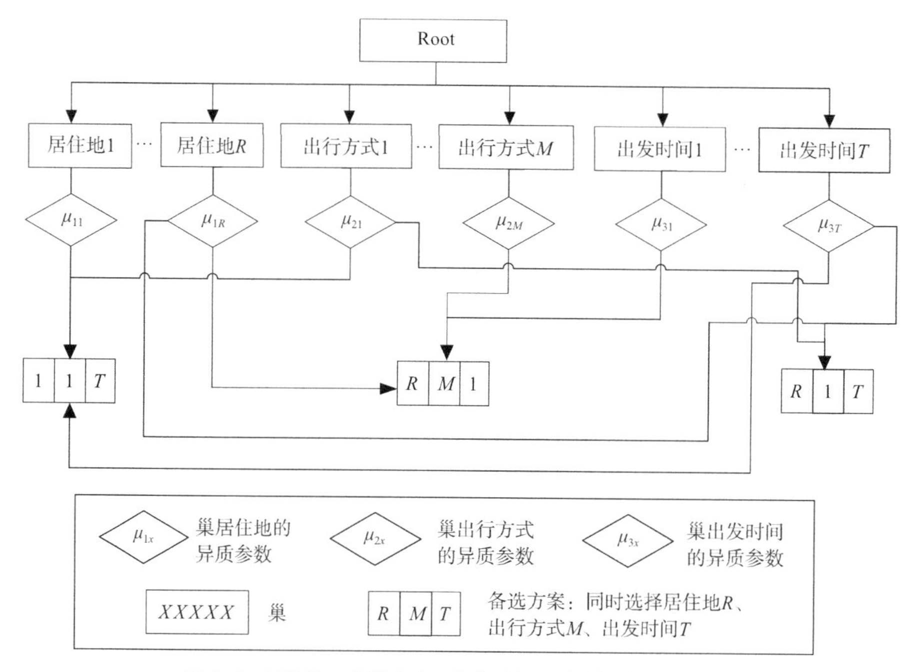

图 4-7　居住地、出行方式、出发时间同时选择的 CNL 模型

（2）效用函数

根据随机效用最大化理论，若对个人 n 而言方案 c_i（$c_i \in C$）的效用为 U_{in}，则当且仅当 $U_{in} > U_{jn}$（$j \in C$，$\forall j \neq i$），出行者 n 选择方案 c_i。

U_{in} 是一个随机变量，它由确定性的系统项和随机的效用误差项组成。系统项 V_{in} 是效用变量（通常包括备选方案属性变量和出行者特征变量）的函数，随机项 ε_{in} 描述研究者无法观察到的因素对方案效用的影响。

$$U_{in} = V_{in} + \varepsilon_{in} \tag{4-11}$$

效用函数可由一种或多种函数形式表达，考虑到结果分析和系数标定的方便性，通常采用线性函数作为效用函数的表达式，即：

$$V_{in} = \sum_{l=1}^{L} \theta_l X_{inl} \tag{4-12}$$

式中，X_{inl} 为个人 n 的第 i 个方案的第 l 个变量值；θ_l 为待定系数。

（注：为表述方便，后面所有表示效用及概率的符号下标中均省略代表选

择者的“n”）

参考 Amaya（2009）和 Hess 等（2007）的研究，居住地、出行方式与出发时间同时选择项的系统效用应是出行时间 TT、出行费用 TC、房地产价格 HP、决策者的经济社会属性 Se 的函数。考虑数据的可获得性，最终确定 7 个效用变量，具体说明如表 4-11 所示。

居住地、出行方式、出发时间同时选择模型的变量选取与说明　　表 4-11

变量名		说明
房价	HP	交通小区的住房均价（千元 /m^2）
出行总时间	TT	连续变量，一次出行耗费的时间（min）
出行总费用	TC	连续变量，小汽车出行的总费用用与距离相关的油费表示，公共交通则用票价表示
出发时间	δ_1，δ_2，δ_3	共 3 个哑变量，分别表示是否在早高峰前、早高峰、早高峰后出发，1 为是，0 为否
年龄	$Age1$	哑变量，1 为年龄 25 岁及以下
	$Age2$	哑变量，1 为年龄在 26 ~ 55 岁，
	$Age3$	哑变量，1 为年龄在 56 岁及以上
收入	$Income1$	哑变量，1 为月收入低于 5000 元
	$Income2$	哑变量，1 为月收入在 5001 ~ 10000 元
	$Income3$	哑变量，1 为月收入大于 10000 元
家庭拥有车辆数	Car	离散变量，家庭拥有小汽车数

注：出行费用计算时小汽车每百公里耗油按 8L 计，油价按每升 6.5 元计。

（3）选择概率

GEV 模型家族能够获得确定形式的选择概率表达式，交叉巢式 Logit 模型秉承了这一优越性。假设每个备选方案的效用随机项 ε_i 均服从标准 Gumbel 分布，则 I 个备选方案的联合累积分布函数为：

$$F(\varepsilon_1,\varepsilon_2,\cdots,\varepsilon_I)=\exp\left\{-\sum_m\left[\sum_{i\in N_m}(\alpha_{im}\mathrm{e}^{-\varepsilon_i})^{1/\mu_m}\right]^{\mu_m}\right\} \tag{4-13}$$

根据 GEV 模型理论，可推导出交叉巢式 Logit 模型第 i 个备选方案的选择概率（MacFadden，1978）。

$$P_i = \sum_m P_m \cdot P_{i|m} = \left\{ \sum_m \frac{\left[\sum_{i \in N_m} (\alpha_{im} e^{V_i})^{1/\mu_m} \right]^{\mu_m}}{\sum_m \left[\sum_{i \in N_m} (\alpha_{im} e^{V_{n'}})^{1/\mu_m} \right]^{\mu_m}} \cdot \frac{(\alpha_{im} e^{V_i})^{1/\mu_m}}{\sum_{i \in N_m} (e^{V_i})^{1/\mu_m}} \right\} \quad (4\text{-}14)$$

式中，α_{im} 为分配参数，即备选方案 i 对巢 m 的隶属度，$0 \leqslant \alpha \leqslant 1$，$\forall i$，$m$，且 $\sum_m \alpha_{im}=1$，$\forall i$；N_m 为巢 m 中的选择肢集合；μ_m 为巢 m 的异质参数，$0 < \mu_m \leqslant 1$，其值越接近 0，表示该“巢”内各选择肢之间的相关性越大，越接近 1 则相关性越小。

式（4-14）中的未知参数包括分配参数 α、异质参数 μ 以及效用函数 V_i 中各变量的系数 θ。

4.3.3 模型估计与分析

本节将交叉分层 Logit 模型应用于北京市居民居住地、出行方式与出发时间的同时选择中，并将其与 NL 模型作对比。受数据限制，研究时点为 2005 年。

数据主要来源于北京市 2005 年第三次全市居民出行调查，数据范围涵盖北京市 18 个行政区，本节选用 3119 户家庭共 4500 个样本。住房数据来源于北京市房地产交易管理网及部分房地产经纪机构网站，共包含 750 个交易实例的详细数据。

（1）参数估计

通过 Biogeme 软件平台（Bierlire，2003）编制描述模型结构文件 .mod、系统参数文件 .par 以及数据样本文件 .dat，对上述交叉分层 Logit 模型进行参数估计和检验。为比较模型与传统 Logit 模型的区别，同时列出 NL 模型的参数估计结果，如表 4-12 和表 4-13 所示。

NL 模型的参数估计结果 表 4-12

模型类型		NL 模型（以出发时间嵌套）		NL 模型（以出行方式嵌套）		NL 模型（以居住地嵌套）	
变量名	变量说明	参数值	*t*-stat	参数值	*t*-stat	参数值	*t*-stat
HP	房价（元 /m^2）	−0.972 [a]	−17.1	−0.804 [a]	−15.0	−0.711 [a]	−12.9
TT	出行总耗时（min）	−0.0207 [a]	−9.5	−0.0261 [a]	−10.8	−0.0184 [a]	−8.7

续表

模型类型		NL 模型（以出发时间嵌套）		NL 模型（以出行方式嵌套）		NL 模型（以居住地嵌套）	
变量名	变量说明	参数值	*t*-stat	参数值	*t*-stat	参数值	*t*-stat
TC	出行总费用（元）	−0.0395[a]	−12.2	−0.0218[a]	−8.5	−0.0190[a]	−6.2
δ_1	是否在早高峰前出发，是取 1，否取 0	−0.0045[a]	−8.3	−0.0057[a]	−8.9	−0.0032[a]	−7.6
δ_2	是否在早高峰出发，是取 1，否取 0	0	—	0	—	0	—
δ_3	是否在早高峰后出发，是取 1，否取 0	−0.0028[a]	−5.1	−0.0034[a]	−6.0	−0.0015[a]	−3.6
*Age*1	年龄≤ 25 岁，是取 1，否取 0	−0.163[a]	−3.8	−0.115[a]	−3.0	−0.108[a]	−3.0
*Age*3	年龄≥ 56 岁，是取 1，否取 0	−0.0095	−1.7	−0.0097	−1.7	−0.0154[a]	−2.5
*Income*2	月收入在 5001 至 10000 元之间，是取 1，否取 0	0.0363[a]	2.6	0.0214	1.8	0.0237	1.8
*Income*3	月收入大于 10000 元，是取 1，否取 0	0.0000	1.3	0.0007[a]	2.9	0.0004[a]	2.7
Car	是否拥有小汽车，是取 1，否取 0	0.121[a]	7.0	0.116[a]	6.7	0.0842[a]	5.4
异质参数 μ						距工作地 <5km	
		早高峰前		步行 / 自行车		0.34[b]	3.5
		1.0	—	0.82	0.7	距工作地 5 ~ 10km	
		早高峰		公共交通		0.58[b]	2.9
		0.84	0.6	0.71	1.2	距工作地 10 ~ 20km	
		早高峰后		小汽车		0.73	1.2
		0.89	0.2	0.68[b]	2.4	距工作地 >20km	
						0.87	1.8
Adjusted ρ^2		0.282		0.408		0.415	
样本数		4500		4500		4500	

注：（1）为使模型易于识别和分析，δ_2 预设为 0。（2）标注[a]表示该参数显著不等于 0，显著性水平取 0.05；（3）标注[b]表示该异质参数显著不等于 1，显著性水平 0.05。

CNL 模型的参数估计结果 表 4-13

变量名	变量说明	参数值	*t*-stat
HP	房价（元 /m^2）	−0.574 [a]	−14.0
TT	出行总耗时（min）	−0.0109 [a]	−9.8
TC	出行总费用（元）	−0.0176 [a]	−6.7
δ_1	是否在早高峰前出发，是取 1，否取 0	−0.0055 [a]	−4.6
δ_2	是否在早高峰出发，是取 1，否取 0	0	—
δ_3	是否在早高峰后出发，是取 1，否取 0	−0.0007	−1.6
*Age*1	年龄≤ 25 岁，是取 1，否取 0	−0.132 [a]	−5.9
*Age*3	年龄≥ 56 岁，是取 1，否取 0	−0.0016 [a]	−2.2
*Income*2	月收入在 5001 至 10000 元之间，是取 1，否取 0	0.0084	1.8
*Income*3	月收入大于 10000 元，是取 1，否取 0	0.0149 [a]	3.5
Car	是否拥有小汽车，是取 1，否取 0	0.0901 [a]	7.1
Adjusted ρ^2		0.497	
样本数		4500	
异质参数 μ			
早高峰前		0.70	1.4
早高峰		0.54 [b]	2.2
早高峰后		0.66	1.5
步行 / 自行车		0.67	1.8
公共交通		0.49 [b]	2.9
小汽车		0.38 [b]	4.1
距工作地 < 5km		0.08 [b]	14.8
距工作地 5 ~ 10km		0.20 [b]	6.4
距工作地 10 ~ 20km		0.22 [b]	5.5
距工作地 > 20km		0.37 [b]	3.6

注:（1）为使模型易于识别和分析，δ_2 预设为 0。（2）标注 [a] 表示该参数显著不等于 0，显著性水平取 0.05;（3）标注 [b] 表示该异质参数显著不等于 1，显著性水平 0.05。

由图4-7可知CNL模型包含4+3+3=10个“巢”，4×3×3=36个备选方案，因此将产生10个异质参数μ与108个分配参数α，因$\sum_m \alpha_{im}=1$，故仍有72个分配参数需要估计。巨量的未知参数易降低模型的自由度及其对样本数据的适配性，参考Hess和Polak（2004）以及Papola（2004）对分配参数的处理方式，将所有非零分配参数设定为1/3。

从拟合优度ρ^2看[1]，CNL模型优于任何一种NL模型，表明综合考虑备选方案在三个维度上的关联性能够提高模型精度；三种NL模型中，以居住地嵌套的模型结构对样本数据的适应性最强，适应性最差的是以出行时间嵌套的模型结构。

从效用变量的参数估计值看，CNL模型与NL模型的估计结果较为接近。房价、出行总耗时、出行总费用的参数估计值为负，且显著性较高，符合研究的预期。此外，拥有小汽车以及月收入大于10000元对系统效用具有正效应，而年龄小于25岁则对系统效用具有负效应。

CNL模型中每个“巢”的异质参数μ小于NL模型对应的异质参数，且显著性提高，表明CNL模型能够更为准确地刻画备选方案在各维度上的关联性。

对比表4-13中“居住地”“出行方式”和“出发时间”三类“巢”的异质参数大小，可以发现巢“居住地”的异质参数最小，表明“巢”内部的各选择肢之间相关性较大，其之间有较强的替代性，即当效用变量改变（如出行时间增加）时，选择者通常不愿意改变其居住地，而是首先考虑变更出发时间和出行方式。巢“出发时间”的异质参数最大，且显著性低，表明“巢”内部各选择肢之间相关性较小，难以相互替代，即当效用变量改变时，选择者首先考虑变更其出发时间。

（2）直接弹性和交叉弹性分析

直接弹性被定义为备选方案i的第l个效用变量值变化1%时，方案i选择概率发生的变化；交叉弹性则指备选方案i的第l个效用变量值变化1%时，

[1] 本节在CNL模型中对分配参数α的取值进行了预设，因此无法对CNL模型与各NL模型进行似然比检验，但仍然可以用调整后的拟合优度来比较模型的精度。

方案 j 选择概率发生的变化。根据 Wen 和 Kopplemen（2001）的研究，可推导出 CNL 模型中第 l 个效用变量的直接弹性与交叉弹性的表达式。

$$DE_l = \frac{\sum_m P_m P_{i|m}[(1-P_i)+(1/\mu_m - 1)(1-P_{i|m})]}{P_i}\beta_l X_{il} \tag{4-15}$$

$$CE_l = -\left[P_i + \frac{\sum_m (1/\mu_m - 1)P_m P_{i|m} P_{j|m}}{P_j}\right]\beta_l X_{il} \tag{4-16}$$

可以看出，CNL 模型的交叉弹性受方案 j 选择概率的影响，即方案 i 的效用变化对不同方案 j 的影响是不同的，这也说明 CNL 模型考虑了备选方案之间的相关性[1]。

弹性分析指在同一距离范围与时间段内，出行费用变化引起的出行方式选择的变化。例如，居住地选择在距离工作地 5km 范围内，在早高峰时段，小汽车出行时间的交叉弹性描述由于公共交通出行时间变化 1% 引起的小汽车出行方式选择概率的变化，计算结果如表 4-14 所示。

小汽车出行时间的直接弹性随通勤距离增加而增加，即通勤距离越远，小汽车出行者对出行时间的敏感性越大；小汽车出行费用的直接弹性则表现出相反的变化态势，通勤距离越远，小汽车出行者对出行费用的敏感性反而降低。公共交通的出行费用弹性普遍大于小汽车出行方式，表明相较于小汽车出行者，公共交通出行者对出行费用更为敏感。此外，从各时段看，早高峰时段的时间及费用弹性大于其他时段。

通勤距离小于 5km 范围内的交叉弹性很小，表明此范围内小汽车出行费用的变化对公共交通选择概率几乎无影响，反之亦然。通勤距离在 10 ~ 20km 范围的交叉弹性最大，表明该距离范围内出行时间或费用的增加对其他出行方式的选择概率影响最大。

[1] MNL 模型的交叉弹性表达式为 $-P_i\beta_l X_{il}$，即方案 i 的效用变化对任何方案 j 的影响均相同，这是由 MNL 模型的 IIA 特性决定的。

不同居住地址、不同出发时段下出行时间及出行费用对出行方式选择的弹性分析 表 4-14

距离	出行方式	早高峰前				早高峰				早高峰后			
		出行时间弹性		出行费用弹性		出行时间弹性		出行费用弹性		出行时间弹性		出行费用弹性	
		DE	*CE*	*DE*	*CE*	*DE*	*CE*	*DE*	*CE*	*DE*	*CE*	*DE*	*CE*
< 5km	步行 / 自行车	−0.029	—	−0.084	—	−0.008	—	−0.104	—	−0.072	—	−0.243	—
	公共交通	−0.101	0.007	−0.045	0.000	−0.262	0.010	−0.092	0.002	−0.009	0.008	−0.062	0.000
	小汽车	−0.094	0.002	−0.031	0.001	−0.112	0.006	−0.047	0.008	−0.014	0.002	−0.018	0.000
5 ~ 10km	步行 / 自行车	−0.045	—	−0.196	—	−0.078	—	−0.200	—	−0.066	—	−0.188	—
	公共交通	−0.672	0.224	−0.083	0.076	−0.989	0.208	−0.131	0.091	−0.218	0.170	−0.095	0.160
	小汽车	−0.263	0.216	−0.025	0.093	−0.405	0.322	−0.052	0.127	−0.187	0.255	−0.019	0.087
10 ~ 20km	步行 / 自行车	−0.616	—	−0.260	—	−0.680	—	−0.774	—	−0.530	—	−0.204	—
	公共交通	−1.358	0.787	−0.203	0.191	−3.170	0.790	−0.414	0.350	−1.149	0.670	−0.099	0.233
	小汽车	−0.988	0.802	−0.018	0.287	−2.284	0.684	−0.029	0.285	−0.622	0.581	−0.010	0.168
> 20km	公共交通	−1.740	0.140	−0.141	0.102	−3.332	0.161	−0.518	0.132	−1.445	0.092	−0.009	0.064
	小汽车	−0.912	0.325	−0.007	0.165	−1.180	0.405	−0.011	0.097	−0.570	0.174	−0.008	0.082

（3）主要结论

居住地、出行方式与出发时间之间存在深刻联系，研究三者的联合选择问题对揭示土地利用与出行行为关系，制定与评价交通需求管理政策具有重要意义。传统 Logit 模型（MNL 模型、NL 模型等）无法同时刻画备选方案在三个维度上的关联性，易导致预测失误。本节在 GEV 模型理论基础上，构造一种交叉分层 Logit 模型结构，并将其应用于北京市居民居住地、出行方式与出发时间的联合选择中，得到以下主要结论。

交叉分层 Logit 模型继承了 GEV 模型家族的优越特征，充分考虑了备选方案在多个维度上的关联性，克服了传统 Logit 模型的 IIA 缺陷；从模型的拟合结果看，交叉分层 Logit 模型具有比任何一种 NL 模型更优的统计学特征。

异质参数 μ_m（$0 < \mu_m \leq 1$）描述巢 m 内部各选择肢之间的相关性大小，其值越大则相关性越小。对北京市居民出行与住房数据的拟合结果显示，巢"居住地"的 μ 值最小，其次是巢"出行方式"，巢"出行时间"的 μ 值最大。这表明，当效用变量改变时，选择者首先考虑变更其出发时间，然后是出行方式，最后才考虑变更其居住地。

直接弹性与交叉弹性分析表明，小汽车出行者对出行时间的敏感性随通勤距离的增加而增加，而其对出行费用的敏感性则表现出随距离递减的态势，即对远距离通勤，即使额外收取小汽车出行费用也难以降低其出行比例。公交出行者对出行费用比小汽车出行者敏感，降低公交票价有助于提高其承担率。在通勤距离小于 5km 范围内，出行时间的变化对其他出行方式选择概率的影响微乎其微，而在 10 ~ 20km 范围，这种影响变得最大。

第 5 章　考虑出行目的和 MAUP 的城市建成环境与居民出行行为

如前所述，城市建成环境对居民出行行为的影响，一直是城市地理和交通行为分析领域关注的热点议题。然而，关于建成环境如何影响居民出行行为，迄今仍缺乏一致性研究结论。尽管多数研究表明，高密度、高混合的土地利用能够削减居民的出行距离，降低出行者对私人小汽车的依赖，但仍有相当比例的研究给出了相反的结论，如 Matt 和 Timmermans（2006）、Mitra 等（2010）发现居住地的高密度和高混合土地利用反而增加了居民出行的总长度，因此对小汽车的抑制作用也十分有限；Limanond 和 Niemeier（2004）、Weber 和 Kwan（2003）、Bhat 等（2005）的研究甚至发现建成环境对居民出行长度以及出行方式的选择几乎没有影响。

反观这些文献可以发现，有的以工作 / 上学为目的的通勤出行为研究对象（Mitra et al.，2010; Mitra et al.，2012），有的以购物为目的的休闲出行为研究对象（Limanond et al.，2004），有的则未对出行目的加以区分（Matt et al.，2006）。另外，不同研究对建成环境要素的空间测量尺度也不一致。例如，有的研究以 TAZ（traffic analysis zone）为测度单元，有的研究则以 400 ~ 1000m 缓冲区为测度单元。著名的“可变面积单元问题”（the modifiable area unit problem，MAUP）认为，分析结果会随基本面积单元定义的不同而变化。

因此，一个合理假设为：以往研究得出的不一致结论可能源于研究对象出行目的的不一致和基本地理单元的不一致。本章通过区分出行目的并考虑 MAUP 问题，试图寻找以往研究结论不一致的原因，厘清研究争议并丰富建成环境和出行行为关系研究领域成果。

5.1 出行目的和可变面积单元问题

5.1.1 出行目的及其对“建成环境—出行行为”关系的影响机理

居民的出行行为是一系列与“单次出行”或“出行链”相关的选择行为的总称，通常包括对出行距离、出行方式、出发时刻表、中途停靠点等的选择行为（Bhat，1999；Bhat et al.，2000）。国内外研究表明，居民的出行行为主要受两类因素的影响，即建成环境和出行者的社会经济属性（Sun et al.，2017；Lee et al.，2007；杨励雅 等，2012）。其中，建成环境和出行行为的关系是诸多领域的研究热点，但迄今学术界对二者关系仍缺乏一致性结论。

根据出行活动理论（Fox，1995），交通出行是居民为完成一日所需活动的衍生行为，活动的目的即决定了出行的目的。出行活动分析领域通常按时间和空间的约束程度来划分居民一日活动的类别。最简单地，可划分为强制性活动（mandatory activity）（如工作、上学）和自由活动（discretionary activity）（如休闲购物、旅游等）。显然，相比于强制性活动，自由活动中的出行者对出发时刻、出行目的地等具有更大的自主选择权。

学者们根据时空约束的强度对居民一日活动进行了更为细致的划分。Ås（1978）将居民一日活动划分为“契约活动”（contracted activity）、“任务活动”（committed activity）和“自由活动”（free activity）。其中，“契约活动”指与工作相关的活动，工作的时间和空间通常由雇佣者决定，因此该类活动受出行者个体因素的影响相对较小。“任务活动”指与家庭事务相关的活动，如家庭购物、接送小孩、医疗服务等，任务活动尽管也需定期履行，但相比于“契约活动”，出行者具有更大的自主权（何时以及在哪里完成该类活动）；“自由活动”是指出行者在自由时间内所履行的活动，如探亲访友、健身娱乐等，相比于其他活动，出行者在“自由活动”时具有最大限度的自主选择权。

在Ås（1978）研究的基础上，Pas（1984）和Wang等（2011）将一日活动划分为“生计活动”（subsistence activity）、“生活活动”（maintenance activity）和“娱乐活动”（recreational activity）。其中，“生计活动”是指与工作、上学相关的活动，与前述“契约活动”类似；“生活活动”与前述“任务活动”类似，指家庭及个人的日常事务;“娱乐活动”与前述“自由活动”类似，包括运动健身、娱乐购物、旅游等。该分类方法在出行分析领域中应用广泛，本章采用该活动分类方法，并将以这三类活动为目的的出行分别定义为“生计出行”“生活出行”和“娱乐出行”。

不同目的的出行活动受时空约束的程度各异，个人自由选择的余地也各不相同。“生计出行”受时空约束较大，与空间环境之间可能存在较紧密的关系，而“娱乐出行”中个人选择权大，与空间环境之间的关系则可能更为松散。因此，“建成环境对居民出行行为的影响随出行目的的不同而不同”的假设是合理的。

本章借助北京市居民出行链调查数据库，以出行链为分析单元，研究不同出行目的下，居住区建成环境与居民出行行为关系的差异，试图揭示、总结出行目的对建成环境与出行行为关系的影响规律，为完善建成环境与出行行为领域研究成果，辅助城市规划与交通需求管理政策设计提供支撑。

5.1.2　MAUP 及其对“建成环境—出行行为”关系的影响

“可变面积单元问题”（MAUP）表明，如果空间数据的空间测量尺度不同，同样的分析会得出不同的估计结果（Openshaw，1984）。尽管 MAUP 已在地理研究领域讨论了数十年，但在“建成环境—出行行为”领域尚未得到充分关注。事实上，当使用空间集计数据时，MAUP 对分析结果的影响非常显著。

MAUP 具有两个维度：尺度效应问题（a scale effect problem）和分区效应问题（a zoning effect problem）。尺度效应问题是指不同测量尺度下统计分析结果随之不同；区域效应问题则是在一定测量尺度范围内，不同的测度空间形状仍然会带来不同的统计分析结果。通常，尺度效应和区域效应会在空间数据分析中同时出现。

一些学者研究了不同尺度和不同区域形状下建成环境对出行行为的影响。例如，Zhang 和 Kukadia（2005）以波士顿居民出行调查数据对比了不同测量尺度和区域形状下建成环境要素对出行行为的影响（围绕居住地的五种不同半径缓冲尺度范围和三类调查小区边界）。研究结果证实了尺度效应问题和区域效应问题的存在。Mitra 和 Buliung（2012）检验了 MAUP 对建成环境与步行和自行车出行关系的潜在影响。该研究围绕居住地和学校所在地分别定义了四种不同半径的缓冲尺度和两类不同的调查区边界。研究结果再次证实了考虑 MAUP 在分析建成环境与居民出行行为关系时的重要性。

当前有关 MAUP 研究的局限性在于，未对出行目的加以区分。例如，Clark 和 Scott（2014）发现在居住地 600m 尺度范围内测度的建成环境要素对个体出行行为影响最为显著，Mitra 和 Buliung（2012）则发现建成环境的“最优”测量尺度为 400m。然而，这些结论对于不同出行目的是否成立仍然不确定。

5.2 城市居住建成环境对不同出行目的的影响

5.2.1 数据、变量定义与模型设计

（1）数据说明

本节研究范围为北京市主城区，由中心城六区（东城、西城、海淀、朝阳、石景山、丰台）以及昌平、顺义、大兴、通州的部分区域组成，包含 1249 个交通小区，具体如图 5-1 所示。数据主要来源于 2010 年北京市第四次居民出行调查数据库。北京市第四次居民出行调查首次采用基于“出行活动链”的调查方法，出行者记录每个出行小段的详细信息。本节选取数据库中包含完整信息且以居住地为起讫点的出行链，共 4480 个样本，来自于随机分布的 3200 个家庭。每个样本包含的信息有：各出行小段的出发时刻 / 地点、到达时刻 / 地点、出行目的、出行方式，以及出行者的个人与家庭信息。

除居民出行数据外，本节还使用了以下数据：北京市土地利用覆盖数据（2012）、人口普查数据（2010）、公共交通及道路网地理信息数据（2012）。利用土地利用和人口数据可测算出每个交通小区的常住人口和各类用地面积，公共交通和道路网地理信息数据包含道路网络、地面公交线路、轨道交通线路三个线类型文件和一个描述公共交通站点信息的点类型文件。

（2）“出行链”的出行目的定义

每条出行链通常包含一个以上的出行目的，因此需要对出行链的出行目的进行定义。

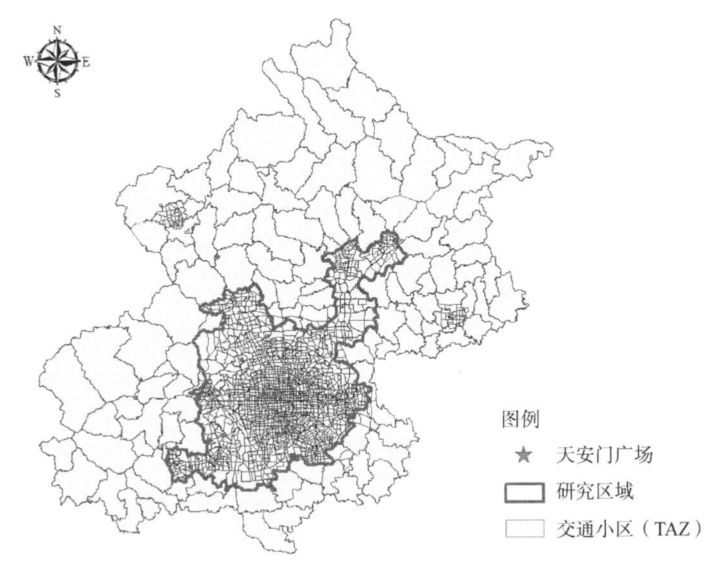

图 5-1　本节的研究范围示意

首先，根据 Pas（1984）和 Wang 等（2011）对出行目的的分类方法，将北京市第四次居民出行调查数据库中记录的 14 种出行目的（针对出行小段）集计为三大类，即以“生计活动”为目的的出行、以“生活活动”为目的的出行和以“娱乐活动”为目的的出行（以下分别简称“生计出行”“生活出行”和“娱乐出行”）。

其次，Bhat 和 Singh（2000）、Ye 等（2007）认为每条出行链都有一个“主要中途活动地点”（main mid-stop），其性质决定该条出行链的出行目的，换言之，一条出行链的出行目的由其“主要中途活动地点”决定。具体地，对于包含“生计出行”的出行链，其“主要中途活动地点”为工作单位或学校；对于不含“生计出行”仅含有“生活出行”与（或）“娱乐出行”的出行链，“主要中途活动地点”被定义为出行链中“逗留时间最长”的中途停靠点，该出行链的出行目的则视中途停靠地点性质被定义为“生活出行”或“娱乐出行”。

依据上述方法将 4480 个出行链样本划分为 2040 个“生计出行链”、1428 个“生活出行链”和 1012 个“娱乐出行链”。根据前述假设，这三类出行链的行为与空间建成环境的密切程度不同，“生计出行链”被认为与建成环境关系最为紧密，“生活出行链”次之，“娱乐出行链”与建成环境的关系最为松散。

（3）模型变量说明

①因变量定义。

围绕出行链的出行行为，是本节关注的因变量。刻画出行链行为的变量很多，如出行总距离（Mirtaetal et al.，2012）、主要出行方式（Ye et al.，2007；Ho et al.，2013）、中途停靠点个数及位置（Ma et al.，2014）、出发 / 到达时刻表（Bhat et al.，2000）等。其中，居民出行距离和出行方式对城市空间形态、交通系统效率、能源利用以及大气环境等具有重要潜在影响，被认为是刻画出行行为的核心指标。本节选取出行链总距离和出行方式作为因变量，分别对上述三种出行目的的出行链样本进行建模分析。

出行链总距离，即出行链中每一条出行小段的距离总和，在后续建模过程中，被设定为连续变量，以 km 为单位。

鉴于一条出行链可能包含一种以上的出行方式，因此出行链的出行方式需要特别定义。首先，将出行数据库中记录的 6 种出行方式集计为 3 种，即小汽车、公共交通、自行车 / 步行。然后，在 Ye 等（2007）、Yang 等（2016）以及 Currie 等（2011）研究的基础上，采用一种“优先次序策略”（priority ordering scheme）对每条出行链的主要出行方式（major mode）进行提取。具体地，只要出行链中任意一段出行采用了小汽车或公共交通（而不论其他出行小段是否采用了步行或自行车出行方式），则该出行链的主要出行方式被定义为小汽车或公共交通；在部分出行链样本中，出行者同时采用了小汽车和公共交通，则根据“优先次序策略”将此类出行链定义为小汽车出行方式；只有当所有出行小段都采用了步行或自行车出行，该出行链才被定义为步行 / 自行车出行方式。通过数据提取和处理发现，三种出行目的的“步行 / 自行车出行方式”的出行链样本数量均低于其样本总量的 5%，为避免估计偏差，将“步行 / 自行车出行方式”的出行链样本与“公共交通方式”的样本合并为“非小汽车出行方式”。因此，在后续出行方式分析中，仅考虑“小汽车出行方式”和“非小汽车出行方式”两类，变量类型为 Binary 二分类变量（1= 小汽车出行方式；0= 非小汽车出行方式）。

②自变量定义。

如前所述，居民出行行为主要受两类因素的影响：建成环境的空间属性（空间层次）和出行者的社会经济属性（个体层次）。

居住区层次（空间层次）的自变量。首先，需要确定空间变量的测度地点。测度地点的选择通常需要满足以下条件（Elldér，2014）：绝大部分的样本出行起始于该点，该地点对所有出行者的重要程度一致。“居住地”被认为是满足上述条件的最佳选择。尽管出行链中途停靠点的建成环境也可能会对出行链行为产生影响，但相当比例的研究表明，相比于中途停靠点，居住地的建成环境对居民出行行为的影响最大（Ellegård et al.，2004；Sun et al.，2017）。基于上述考虑，本节选择居住地作为测度建成环境的地点。从密度（density）、多样性（diversity）、设计（design）、可达性（accessibility）四个维度，通过变量筛选[1]最终确定 5 个描述居住区的建成环境变量，分别是人口密度（千人 /km^2）、土地混合利用指数、公共交通线网密度（km/km^2）、道路网密度（km/km^2）、与市中心的距离（km）。

其次，需要确定各空间变量的测量尺度。本节选择交通小区（TAZ）作为空间变量的测量尺度，原因如下：交通小区在划分之初已充分考虑了内部土地利用特征的一致性，在一定程度上可避免“可变面积单元问题”；交通小区是目前学术界研究“建成环境—出行行为”关系时最常用的分析单元，也是本节数据统计的最小单元。各空间变量的描述性统计分析如表 5-1 所示。

个人层次的自变量。通过变量筛选最终确定 6 个个人层次的自变量：性别、年龄、收入、房屋产权、家庭规模、学龄儿童个数。

居住区建成环境变量的描述统计——均值（标准差）　　表 5-1

变量名	变量说明	样本类别		
		生计出行链 Mean（S.D.）	生活出行链 Mean（S.D.）	娱乐出行链 Mean（S.D.）
人口密度	居住地所在交通小区的人口密度，单位为千人 /km^2	12.2（6.9）	10.7（8.0）	10.0（7.2）

[1] 即剔除与其他变量相关性较高且显著性较低的变量。

续表

变量名	变量说明	样本类别		
		生计出行链 Mean（S.D.）	生活出行链 Mean（S.D.）	娱乐出行链 Mean（S.D.）
土地混合利用指数	居住地所在交通小区的土地混合利用程度，是一个用“熵”表示的指数，取值范围 0 ~ 1，越接近 1，混合利用程度越大	0.67（0.22）	0.57（0.38）	0.62（0.35）
道路网密度	居住地所在交通小区的城市道路密度，单位为 km/km^2	5.4（2.7）	5.5（3.0）	5.3（2.8）
公共交通线网密度	居住地所在交通小区的公共交通线网密度，包括地面公交线网和轨道交通线网，单位为 km/km^2	4.7（2.7）	4.5（3.2）	4.4（2.8）
与市中心的距离	居住地所在交通小区质心与天安门（北京城区传统中心点）的直线距离，单位为 km	15.3（7.8）	18.0（11.5）	16.5（8.4）
样本个数		2040	1428	1012

（4）分层线性模型（multilevel linear model）构建

传统回归模型将居住区层次的空间变量和个人层次的社会经济变量视为同一层次的自变量加以考虑，忽视了二者之间的“嵌套性”（个人层次嵌套于空间层次）。事实上，每个居住区内部的个体之间，其经济社会属性通常不再独立，传统回归模型失去了应用基础。

本节采用分层线性模型刻画居住区建成环境变量和出行者个体变量的层次嵌套性，分析二者对因变量（出行总距离和出行方式）的影响。在分层线性模型中，因变量的估计残差包括两部分，一部分来自于个体层次（层 -1），一部分来自于居住区层次（层 -2）。

分层线性模型分“随机截距模型”和“随机系数模型”两类。Snijders（2005）、Scherbaum 和 Ferreter（2009）发现，当层 -2 的每个单元（即居住区）内所包含的层 -1 元素（即个体）个数远小于层 -2 的单元个数时，随机系数模型的参数估计易出现偏误，此时宜采用随机截距模型。本节建模所用个体样本共 4480 个，交通小区 1249 个，平均每个交通小区所包含的个体样本数远小于交通小区个数，因此对出行距离和出行方式建模时均采用随机截距模型。

①出行距离（连续变量）为因变量的分层线性模型。

出行距离为连续型变量，以出行距离为因变量的随机截距分层线性模型如下：

$$Y_{ij}=\alpha_0+\alpha_1 X_{1ij}+\alpha_2 X_{2j}+\mu_j+e_{ij} \tag{5-1}$$
$$\mu_j \sim N(0,\ \sigma_\mu^{\ 2}),\ e_{ij} \sim N(0,\ \sigma_e^{\ 2})$$

式中，因变量 Y_{ij} 为居住在第 j 交通小区的第 i 个体的出行距离；e_{ij} 为个体层次的残差（其方差为 $\sigma_e^{\ 2}$）；μ_j 为交通小区层次的残差（其方差为 $\sigma_\mu^{\ 2}$）；α_0 为因变量的总体均值；$\alpha_1 X_{1ij}$ 为居住在第 j 交通小区的第 i 个体的经济社会属性变量对因变量的效应；$\alpha_2 X_{2j}$ 为第 j 交通小区的空间变量对因变量的效应。

在上述分层线性模型中，因变量的总方差被分解为两部分，一部分是来自于交通小区层次的 $\sigma_\mu^{\ 2}$，另一部分是来自于个体层次的 $\sigma_e^{\ 2}$。通常用方差比例系数（variance partition coefficient，VPC）描述因变量的变化有多大比例来自于空间层次。出行距离模型的方差比例系数为：

$$\mathrm{VPC}=\frac{\sigma_u^{\ 2}}{\sigma_u^{\ 2}+\sigma_e^{\ 2}} \tag{5-2}$$

②出行方式（二分类变量）为因变量的分层模型。

因变量 M_{ij} 表示居住在第 j 交通小区的第 i 个体的出行方式，M_{ij} 为二分类变量，$M_{ij}=1$ 表示小汽车出行方式，$M_{ij}=0$ 表示非小汽车出行方式。令 P_{ij} 表示居住在第 j 交通小区的第 i 个体选择小汽车出行方式的概率，则以出行方式为因变量的随机截距分层线性模型如下：

$$\ln\frac{P_{ij}}{1-P_{ij}}=\beta_0+\beta_1 X_{1ij}+\beta_2 X_{2j}+\tau_j+r_{ij}$$

$$\tau_j \sim N(0,\ \sigma_\tau^{\ 2}),\ r_{ij} \sim L(0,\ \sigma_r^{\ 2}) \tag{5-3}$$

式中，r_{ij} 为个体层次的残差，服从标准 Logistic 分布（其方差为 σ_r^2）；τ_j 为交通小区层次的残差（其方差为 σ_τ^2）；β_0 为小汽车出行方式概率对数发生比的总体均值；$\beta_1 X_{1ij}$ 为居住在第 j 交通小区的第 i 个体的经济社会属性变量对因变量的效应；$\beta_2 X_{2j}$ 为第 j 交通小区的空间变量对因变量的效应。与出行距离模型类似，出行方式模型的方差比例系数描述出行方式的变化有多大比例来自于交通小区层次。

5.2.2 模型估计与分析

（1）出行距离为因变量的模型结果分析

①仅含截距项的分层模型结果。

仅含截距项的分层模型估计结果（表 5-2）表明，出行距离受建成环境的影响程度随出行目的的不同而有显著差异。从方差比例系数 VPC 可以看出，“生计出行链”的出行距离受居住区建成环境的影响最大，其差异的 25.92% 来自于居住地之间建成环境的差异；“生活出行链”出行距离差异的 8.71% 源于建成环境；“娱乐出行链”则几乎不受建成环境的影响，该比例仅为 1.37%。

仅含有截距项的分层模型估计结果（出行距离为因变量） **表 5-2**

出行链类型	生计出行链	生活出行链	娱乐出行链
固定效应			
截距 β_0	26.781（0.31）	20.376（0.35）	38.502（0.44）
随机效应			
居住区层次的随机项方差 σ_μ^2	10.740（0.308）	3.533（0.615）	0.567（0.098）
个人层次的随机项方差 σ_e^2	30.643（1.585）	36.833（1.440）	40.255（1.271）
方差比例系数 VPC	25.915%	8.705%	1.372%
−2log-likehood	4745.822	3290.667	3941.104
Deviance（与仅含截距项的单层模型相比）	106.773	27.325	1.243

注：括号中数字为标准误差。

②引入个人层次变量的分层模型结果。

将个人层次的社会经济变量引入模型，估计结果如表 5-3 所示。

引入个人经济社会变量的分层模型（出行距离为因变量）　　表 5-3

出行链类型	生计出行链		生活出行链		娱乐出行链	
	估计值	*P* 值	估计值	*P* 值	估计值	*P* 值
截距 β_0	25.221	*P*<0.010	15.772	*P*<0.010	26.475	*P*<0.010
个人层次固定效应						
年龄						
Age 1（18 ~ 34 岁）	−0.350	0.337	−0.197	0.245	−0.024	0.400
Age 2（35 ~ 54 岁）（*ref*）	—	—	—	—	—	—
Age 3（≥ 55 岁）	−1.218	0.239	−2.778*	*P*<0.050	−3.565*	*P*<0.050
是否拥有小汽车						
Yes	1.045	0.099	3.055*	*P*<0.050	6.275**	*P*<0.010
No（*ref*）	—	—	—	—	—	—
性别						
Male（*ref*）	—	—	—	—	—	—
Female	−0.842	0.256	2.946*	*P*<0.050	1.089	0.112
月收入						
Income 1（≤ 5000 元）	−0.623	0.302	0.028	0.467	−2.419*	*P*<0.050
Income 2（5001 ~ 10000 元）（*ref*）	—	—	—	—	—	—
Income 3（≥ 10001 元）	1.104	0.184	3.011*	*P*<0.050	5.205*	*P*<0.010
房屋产权						
Selfhouse	2.250*	*P*<0.050	2.426**	*P*<0.010	2.976**	*P*<0.010
Renthouse（*ref*）	—	—	—	—	—	—
是否有学龄儿童						
Kids	1.952	0.107	4.316*	*P*<0.050	3.992*	*P*<0.050
Nonkids（*ref*）	—	—				
家庭规模（人）	−0.929	0.244	−1.475	0.289	3.245*	*P*<0.050
随机效应						
居住区层次的随机项方差 σ_μ^2	10.634（0.308）		2.836（0.542）		0.429（0.093）	
个人层次的随机项方差 σ_e^2	28.932（1.589）		23.333（1.352）		18.412（1.206）	
方差比例系数 VPC	26.876%		10.837%		2.277%	
−2log-likehood	4436.475		2776.656		3028.514	
Deviance（与仅含截距项的分层模型相比）	309.347		514.011		912.590	

注：* 表示自变量在 0.05 水平上显著，** 表示自变量在 0.01 水平上显著；括号中数字为标准误差；“*ref*” 代表分类变量中的参考类。

从个人层次随机项方差看，“生计”“生活”和“娱乐”三类出行目的模型的 σ_e^2 均有下降，但下降比例显著不同，“生计模型”仅下降 5.56%，但“生活模型”和“娱乐模型”则分别下降了 36.67% 和 54.26%。对每个模型，通过逐个引入个人变量，可以识别出对个人层次随机项方差 σ_e^2 下降贡献最大的变量。对“生计模型”影响最大的是房屋产权变量，对“生活模型”和“娱乐模型”影响最大的则是“是否拥有小汽车”和“月收入”。

从居住区层次随机项方差看，三类模型的 σ_μ^2 也都出现了下降，下降比例分别为 0.98%（生计模型）、19.72%（生活模型）和 24.33%（娱乐模型）。引入个人层次的变量而出现的空间层次随机项方差的变化，被称作“层际互动作用”。显然“层际互动作用”在“生活”和“娱乐”模型中相对显著，即在仅含截距项的模型中由空间层次特征差异引起的出行距离差异，实际上有部分比例来自于个人层次特征差异。

上述结果进一步证实，“生计”出行距离受空间的约束较大，而“生活”和“娱乐”出行距离则受个人经济社会属性变量的影响较大。

③同时引入个人和空间层次自变量的分层模型结果。

继续引入空间层次自变量，并同时对三类目的的出行样本进行估计，结果如表 5-4 所示。

同时引入个人层次和空间层次变量的分层模型（出行距离为因变量）　表 5-4

出行链类型	生计出行链		生活出行链		娱乐出行链	
	估计值	*P* 值	估计值	*P* 值	估计值	*P* 值
截距 β_0	5.532	P<0.010	−6.190	P<0.010	−8.112	P<0.010
个人层次固定效应						
年龄						
Age 1（18 ~ 34 岁）	−0.178	0.356	−0.204	0.218	−0.028	0.400
Age 2（35 ~ 54 岁）（*ref*）	—	—	—	—	—	—
Age 3（≥ 55 岁）	−1.324	0.232	−2.270*	P<0.050	−3.325*	P<0.050
是否拥有小汽车						
Yes	1.019	0.115	2.089*	P<0.050	5.004*	P<0.010
No（*ref*）	—	—	—	—	—	—

续表

出行链类型	生计出行链		生活出行链		娱乐出行链	
	估计值	*P* 值	估计值	*P* 值	估计值	*P* 值
性别						
Male（*ref*）	—	—	—	—	—	—
Female	−0.657	0.294	2.814*	*P*<0.050	0.945	0.135
月收入						
Income 1（≤ 5000 元）	−0.553	0.369	0.031	0.465	−2.420*	*P*<0.050
Income 2（5001 ~ 10000 元）（*ref*）	—	—	—	—	—	—
Income 3（≥ 10001 元）	1.211	0.175	2.259*	*P*<0.050	4.937*	*P*<0.050
房屋产权						
Selfhouse	2.204*	*P*<0.050	2.230*	*P*<0.050	2.859*	*P*<0.050
Renthouse（*ref*）	—	—	—	—	—	—
是否有学龄儿童						
Kids	1.846	0.125	4.208*	*P*<0.050	3.089*	*P*<0.050
Nonkids（*ref*）	—	—				
家庭规模（人）	−0.945	0.230	−1.303	0.300	3.552*	*P*<0.050
空间层次固定效应						
人口密度（千人 /km^2）	−3.112*	*P*<0.050	−2.381*	*P*<0.050	−0.852	0.184
土地混合利用指数	−3.249*	*P*<0.050	−3.145*	*P*<0.050	−1.136	0.120
道路网密度（km/km^2）	−2.508*	*P*<0.050	1.700	0.086	1.854	0.099
公交线网密度（km/km^2）	−1.043	0.194	0.947	0.120	1.225	0.103
与市中心的距离（km）	3.745**	*P*<0.050	0.321	0.174	0.818	0.192
随机效应						
居住区层次的随机项方差 σ_μ^2	3.060（0.157）		2.306（0.329）		0.395（0.081）	
个人层次的随机项方差 σ_e^2	27.095（1.382）		21.281（1.348）		16.076（1.169）	
方差比例系数 VPC	10.148%		9.777%		2.398%	
−2log-likehood	3556.122		2177.953		2518.454	
Deviance（与仅含截距项的分层模型相比）	880.353		598.703		510.060	

注：* 表示自变量在 0.05 水平上显著，** 表示自变量在 0.01 水平上显著；括号中数字为标准误差；“*ref*” 代表分类变量中的参考类。

首先，空间变量的引入对三个模型的拟合精度均有贡献，但贡献程度不同。通过引入空间变量，“生计”出行距离模型空间层次的方差削减比例高达 71.22%（$=\frac{10.634-3.060}{10.634}\times100\%$），“生活”和“娱乐”模型的空间层次方差削减比例则相对较低，分别为 18.70%（$=\frac{2.836-2.306}{2.836}\times100\%$）和 7.93%（$=\frac{0.429-0.395}{0.429}\times100\%$）。

其次，通过逐次引入每个空间变量，可以识别出对模型空间层次方差削减贡献最大的变量[1]。对“生计”模型影响最大的是“与市中心的距离”，该变量的引入使得模型空间层次的方差削减 44.4%，即“与市中心的距离”的差异解释了不同居住空间居民出行距离差异的 44.4%；对“生活”出行距离影响最大的是“土地混合利用指数”，它带来的方差削减比例为 16.0%；各空间变量对“娱乐”出行距离的影响不明显，带来的方差削减比例均低于 5%。

（2）出行方式为因变量的模型结果分析

出行方式为二分类变量，因此模型拟合的是小汽车出行方式选择概率的对数发生比。依次引入个人层次自变量和空间层次自变量，最终估计结果如表 5-5 所示。

同时引入个人层次和空间层次变量的分层模型（出行方式为因变量）　　表 5-5

出行链类型	生计出行链		生活出行链		娱乐出行链	
	估计值	*P* 值	估计值	*P* 值	估计值	*P* 值
截距 β_0	4.348	*P*<0.010	−1.238	*P*<0.010	−4.259	*P*<0.010
个人层次固定效应						
年龄						
Age 1（18 ~ 34 岁）	−0.049	0.252	−0.157	0.115	−0.428**	*P*<0.010
Age 2（35 ~ 54 岁）（*ref*）	—	—	—	—	—	—
Age 3（≥ 55 岁）	−0.128	0.136	−0.226*	*P*<0.050	−0.285*	*P*<0.050
是否拥有小汽车						
Yes	0.363*	*P*<0.050	0.410**	*P*<0.010	0.645**	*P*<0.010
No（*ref*）	—	—	—	—	—	—

[1] 逐次引入空间变量会导致多个中间模型，限于篇幅，中间模型的估计结果未在本书中列出。

续表

出行链类型	生计出行链		生活出行链		娱乐出行链	
	估计值	*P* 值	估计值	*P* 值	估计值	*P* 值
性别						
Male（*ref*）	—	—	—	—	—	—
Female	−0.014	0.305	0.065	0.218	0.059	0.205
月收入						
Income 1（≤ 5000 元）	−0.288	0.093	−0.052	0.229	−0.229*	*P*<0.050
Income 2（5001 ~ 10000 元）（*ref*）	—	—	—	—	—	—
Income 3（≥ 10001 元）	0.173	0.113	0.251*	*P*<0.050	0.330*	*P*<0.050
房屋产权						
Selfhouse	0.245	0.108	0.278*	*P*<0.050	0.251*	*P*<0.050
Renthouse（*ref*）	—	—	—	—	—	—
是否有学龄儿童						
Kids	0.309	0.084	0.112	0.127	0.236*	*P*<0.050
Nonkids（*ref*）	—	—	—	—	—	—
家庭规模（人）	0.045	0.278	0.099	0.167	0.348*	*P*<0.050
空间层次固定效应						
人口密度（人 /km^2）	−0.429*	*P*<0.050	−0.250*	*P*<0.050	−0.152	0.100
土地混合利用指数	−0.455*	*P*<0.050	−0.387*	*P*<0.050	−0.106	0.134
道路网密度（km/km^2）	−0.088	0.219	−0.019	0.286	−0.074	0.197
公共交通线网密度（km/km^2）	−0.671*	*P*<0.050	−0.198	0.098	−0.215*	*P*<0.050
与市中心的距离（km）	−0.746*	*P*<0.050	−0.072	0.204	0.037	0.230
随机效应						
居住区层次的随机项方差 σ_μ^2	0.772（0.103）		0.340（0.083）		0.115（0.035）	
个人层次的随机项方差 σ_r^2	3.290（0.425）		3.290（0.425）		3.290（0.425）	
方差比例系数 VPC	19.005%		9.366%		3.378%	
−2log-likehood	4879.320		3207.334		2946.687	
Deviance（与仅含截距项的分层模型相比）	1029.703		984.100		797.175	

注：* 表示自变量在 0.05 水平上显著，** 表示自变量在 0.01 水平上显著；括号中数字为标准误差；"*ref*" 代表分类变量中的参考类。

从参数估计值和显著自变量个数可以看出，空间变量和个体变量对居民出行方式选择的相对重要程度随出行目的的不同有显著不同。与出行距离模型结论类似，在三类目的的出行中，空间变量对生计出行的出行方式影响最大，而个人变量对娱乐出行方式影响最大。

通过逐个引入空间变量，并观察空间层次“方差削减比例”的变化，可以识别对出行方式影响最大的空间变量[1]。对于“生计模型”，引入“与市中心的距离”和“公共交通线网密度”所带来的空间层次“方差削减比例”最大，分别为 34.8% 和 27.5%（与市中心的距离和公共交通线网密度分别增加一个标准差单位，采用小汽车出行的发生比分别下降 1−exp（−0.746）=52.57% 和 1−exp（−0.671）=48.89%）；对于“生活模型”，“土地混合利用指数”的引入所带来的空间层次方差削减比例最大，为 18.6%（土地混合利用指数增加一个标准差单位，生活出行采用小汽车出行的发生比下降 1−exp（−0.387）=32.19%）；对于“娱乐模型”，所有空间变量的引入所带来的空间层次方差削减比例均不明显。

个体变量中“是否拥有小汽车”对三种目的出行方式均有影响，其中对娱乐出行的影响尤为显著，其参数估计量为 0.645，即控制其他变量的前提下，有车个体在娱乐出行中采用小汽车出行的发生比是无车个体的 exp（0.645）= 1.9 倍。此外，年龄、家庭规模、月收入等个体属性变量对生活和娱乐出行均有显著影响，年龄在 35 ~ 54 岁、家庭规模越大、月收入越高的个体采用小汽车出行的发生比越大。

（3）结论与讨论

通过改变建成环境来影响出行行为，是当前诸多规划管理政策的出发点。然而，建成环境与出行行为关系的复杂性，导致此类政策通常难以达到预期目标。学术界对二者关系的研究尽管由来已久，但迄今为止仍缺乏一致性结论。对建成环境与出行行为关系进行更深入的分析与解构，无论是对完善二者关系的理论研究还是为提高规划管理政策的有效性均十分必要。

本节基于“以往研究的不一致结论源于研究样本出行目的的不一致”这一假设展开研究，主要结论与贡献如下。

[1] 同样地，逐次引入空间变量会导致多个中间模型，限于篇幅，中间模型的估计结果未在本书中列出。

①采用“出行链”作为分析单元。相比于单次出行分析，出行链更能反映居民一日出行的全貌，在刻画建成环境与出行行为的关系上具有先天优势。依托北京市第四次居民出行调查，提取出行链样本，通过识别“主要中途活动地点”定义每条出行链的“出行目的”，借助“次序优先策略”定义每条出行链的“出行方式”。

②出行距离为因变量的分层线性模型分析，证实了不同目的的出行距离受居住区建成环境的影响程度不同。建成环境对“生计”出行距离的影响最大，对“生活”出行距离的影响次之，对“娱乐”出行距离的影响最小，个体属性对三类出行的影响则恰好相反。该结论源自于以下几个方面：在仅含截距项模型中，“生计模型”的方差比例系数远大于“生活模型”和“娱乐模型”；引入个体层次变量后，“生计模型”两个层次的方差削减比例均低于另外两类模型，而引入空间层次变量所带来的方差削减比例则显著高于另外两类模型。

此外，通过观察方差削减比例的变化，识别出对各类目的出行距离影响最大的空间变量和个体变量。对“生计”出行距离影响最大的空间变量是“与市中心的距离”，对“生活”出行距离影响最大的空间变量是“土地混合利用指数”，对“生活”和“娱乐”出行距离影响最大的个人变量均是“是否拥有小汽车”。

③出行方式为变量的分层线性模型分析，进一步证实了出行行为与建成环境的关系和出行目的密切相关。“生计”出行方式与建成环境之间存在较为紧密的关系，“娱乐”出行方式与建成环境的关系则较为松散，“生活”出行方式与建成环境之间的关系紧密度则介于二者之间。类似地，识别出对“生计”出行方式影响最大的空间变量是“与市中心的距离”和“公共交通线网密度”，对“生活”出行方式影响最大的是“土地混合利用指数”。

上述结论具有明显的政策启示：首先，改变建成环境影响出行行为的规划政策在执行时应谨慎。生活和娱乐类出行受建成环境的影响有限，在此类出行需求日益增加的背景下，上述政策的有效性更应谨慎论证。其次，“生计”出行行为受“与市中心的距离”和“公共交通线网密度”的影响最大，“生活”出行行为受“土地混合利用指数”的影响最大，表明对不同目的的出行，应采用差别化规划政策对其进行优化和调控。

5.3 同时考虑出行目的和 MAUP 的建成环境对居民出行行为的影响

5.3.1 数据说明与变量的描述性分析

（1）数据说明

本节研究范围同样为北京市主城区，由中心城六区（东城、西城、海淀、朝阳、石景山、丰台）以及昌平、顺义、大兴、通州的部分区域组成，包含1249个交通小区，具体如图5-1所示。数据主要来源于2010年北京市第四次居民出行调查数据库。除居民出行数据外，本节所用到的数据还包括2010年土地利用数据、公共交通设施和路网GIS数据、2010年人口普查数据。其中，土地利用数据、公共交通设施及路网GIS数据用来测算建成环境要素。研究范围共包含1249个交通小区，街道层次数据由交通小区层次数据集计而来。

在前节4840个样本的基础上，进一步扩充至5875个出行链。其中，2840个为工作出行链（相当于上节生计出行链），根据出行次序和活动目的，工作出行链包含六个类型，如表5-6所示。单一目的"简单"工作出行链H—W—H（其中H代表Home，W代表Work）是最常见的工作出行链类型，约占总样本

不同出行目的的出行链划分　　表5-6

工作出行链		生活出行链		娱乐出行链	
出行链类型	百分比	出行链类型	百分比	出行链类型	百分比
H—W—H	52.3%	H—S—H	41.3%	H—O—H	14.6%
H—W—X—W—H	31.0%	H—F—H	30.2%	H—V—H	9.8%
H—W—X—W—X—H	6.5%	H—P—H	25.0%	H—E—H	7.5%
H—X—W—X—H	6.2%	H—2 stops—H	2.7%	H—R—H	3.7%
H—W—X—H	2.1%	H—3 stops—H	0.7%	H—2 stops—H	41.0%
H—X—W—H	1.9%	H—4 stops—H	0.1%	H—3 stops—H	17.0%
				H—4 stops—H	6.4%
简单链	52.3%	简单链	96.5%	简单链	35.6%
复杂链	47.7%	复杂链	3.5%	复杂链	64.4%
合计	100.0%	合计	100.0%	合计	100.0%

注：H代表home，居住地；W代表work，工作地点；X代表工作地之外的非工作活动地点；S代表grocery shopping，日常购物；P代表personal business，个人事务；F代表family obligations，家庭事务；O代表occupation，消遣性购物活动；V代表visiting，探亲访友；E代表entertainment，文娱活动；R代表receration，休闲游憩。

的一半之多。另一半工作出行链则是包含多个中途活动地点的“复杂链”。最常见的类型为“H—W—X—W—H”（X 指任何非工作目的的出行活动地点），约占工作出行链总数的 31%。出行者通常在其工作时间内产生工作地周边的“非工作出行”。

生活出行链共 1220 个，其中大部分为“简单链”，仅 3% 为包含多个中途活动地点的复杂链。简单链中，59.5% 为 H—S—H 类型，22.7% 为 H—F—H 类型，17.8% 为 H—P—H 类型。娱乐出行链共 1815 个，相比于工作和生活出行链，娱乐出行链更倾向为复杂链。约 64.4% 的娱乐出行链为包含一个以上中途活动地点的复杂链。

（2）因变量

出行方式和出行链复杂度（描述出行链是简单链还是复杂链的指标）是刻画出行链行为的两大关键指标。很多学者选择出行方式或出行链复杂度作为描述出行行为的关键变量（Hensher et al.，2000；Ye et al.，2007；Currie et al.，2011；Ho et al.，2013；Ma et al.，2014；Yang et al.，2016）。本节选择出行方式和出行链复杂度作为因变量，并分别对其建模。

在出行方式模型中，因变量为二分类变量，表示出行者是否选择小汽车作为出行链的核心出行方式（如果选择小汽车，该值取 1；否则取 0）。检验影响小汽车出行的影响因素十分重要。首先，减少小汽车出行并促进绿色出行方式（如步行、自行车出行和公共交通出行）是包括北京在内的中国大城市交通政策的主要目标。其次，研究表明如果出行链的一段采用了小汽车出行方式则容易导致全部出行链都采用小汽车出行方式（Ye 等，2017）。检验哪些因素促使或阻止小汽车出行具有重要的政策价值。

出行链交通方式的定义同 5.2 节，即采用一种“优先次序策略”。具体地，如果出行链任一段采用了小汽车或公共交通出行方式，则该出行链的出行方式被定义为小汽车或公共交通。对于一些同时采用了小汽车和公共交通出行方式的出行链（此类样本较少），则将出行方式定义为小汽车。非机动化出行链（即在出行链各段均采用自行车或步行出行方式）仅占总样本量的不到 5%，因此本节将非机动化出行链和公共交通出行链定义为“非小汽车出行链”。最终，本节按出行方式将出行链划分为“小汽车出行链”和“非小汽车出行链”两大类。

在出行链复杂度建模中，因变量为一个出行链中途活动地点的个数。该变量为离散有序变量，表示一个出行链是否具有 1 个、2 个或 3 个以上中途活动地点（仅 1 个中途活动地点，取 0；2 个中途活动地点，取 1；3 个以上中途活动地点，取 2）。研究表明，具有两个或多个中途活动地点的出行链能够减少机动车总里程（vehicle miles travelled，VMT）。

数据处理后，最终样本包含 2840 个工作出行链、1220 个生活出行链和 1815 个娱乐出行链。单一目的的出行链，即从家到工作地（或学校）然后返回家的简单链，占工作出行链总样本的一半以上。包含一个非工作出行活动（工作时间内工作地附近）的工作出行链约占工作出行链总样本的 40%。绝大部分的生活出行链（约占 97%）都是仅包含一个中途活动地点的简单链。同时，64.4% 的娱乐出行链包含一个以上的中途活动地点。

（3）自变量（个体属性和建成环境属性）

个体层次的变量包括年龄、性别、月收入、房屋产权、家庭规模和是否有学龄儿童。此外，出行时长和出行距离也作为个体层次自变量。出行时长由统计数据直接获取，出行距离则借助 GIS 工具根据路网测算得出。个体层次变量的描述性统计分析如表 5-7 所示。

个体层次变量的描述性统计分析 **表 5-7**

变量	工作出行链	生活出行链	娱乐出行链
	样本量（%）	样本量（%）	样本量（%）
样本总量	2840	1220	1815
年龄			
Age 1（18 ~ 34 岁）	932（32.8%）	584（22.7%）	510（28.1%）
Age 2（35 ~ 54 岁）*	1732（61.0%）	539（38.5%）	735（40.5%）
Age 3（≥ 55 岁）	176（6.2%）	610（38.8%）	570（31.4%）
性别			
*Male**	1519（53.5%）	462（39.9%）	882（48.6%）
Female	1321（46.5%）	758（60.1%）	933（51.4%）
月收入			
Income 1（≤ 5000 元）	582（20.5%）	481（39.4%）	303（16.7%）
Income 2（5001 ~ 10000 元）*	1894（66.7%）	612（50.2%）	911（50.2%）
Income 3（≥ 10001 元）	364（12.8%）	127（10.4%）	601（33.1%）

续表

变量	工作出行链	生活出行链	娱乐出行链
	样本量（%）	样本量（%）	样本量（%）
房屋产权			
Selfhouse	1599（56.3%）	738（60.5%）	1247（68.7%）
*Renthouse**	1241（43.7%）	482（39.5%）	568（31.3%）
是否有学龄儿童[a]			
Kids	909（32.0%）	580（47.5%）	810（44.6%）
*Nonkids**	1931（68.0%）	640（52.5%）	1005（55.4%）
家庭规模（人）	2.2（1.1）**	2.5（1.3）**	2.4（1.1）**
出行链长度（km）	29.7（9.2）**	21.2（11.5）**	40.9（16.8）**
出行链时间（min）	76.1（18.4）**	66.0（24.7）**	89.2（20.5）**

注：[a] 表示家中至少有一位 4 ~ 15 岁的学龄儿童，* 表示该变量在回归模型中作为参考类，** 表示数据和括号中数据分别是连续变量的均值和标准差。

建成环境变量包括人口密度、土地利用混合度、公共交通线网密度、与城市中心距离，具体如表 5-8 所示。所有的建成环境变量基于个体居住地和工作地（或主要中途活动地点）按照不同的空间尺度进行测量。

人口密度定义为对象单元每平方公里的人口数；土地利用混合度用“熵”指标测度（Bhat et al.，2007；Clark et al.，2014）。

$$\text{mix} = \frac{\sum_{i=1}^{n} q_i \ln q_i}{\ln n} \tag{5-4}$$

式中，mix 为土地利用混合度；q_i 为第 i 土地利用类别的面积占比；n 为土地利用性质类别数。该指标取值为 0 ~ 1，取 0 时对象单元内仅有一种土地利用性质，取 1 时对象单元内各种土地利用性质面积均衡分布。土地利用性质类别涵盖居住、商业、办公、公用设施、公园与娱乐和产业用地等。

公共交通密度为对象单元每平方公里内的公共交通线路长度；与城市中心距离为对象单元中心与天安门广场的距离，利用 Google Map 的测量工具测定。

建成环境变量的描述性统计分析 表 5-8

变量	变量说明	250m Mean（S.D.）	600m Mean（S.D.）	1000m Mean（S.D.）	1500m Mean（S.D.）	2000m Mean（S.D.）	TAZ（交通小区）Mean（S.D.）	JIEDAO（街道）Mean（S.D.）
工作出行链								
POPDEN	居住地的人口密度（千人/km^2）	14.3（8.0）	12.7（7.1）	10.8（5.7）	8.8（4.2）	6.9（3.7）	12.2（6.9）	8.7（4.7）
LANMIX	居住地的土地利用混合度（“熵”）	0.56（0.31）	0.66（0.28）	0.69（0.23）	0.75（0.14）	0.80（0.11）	0.67（0.22）	0.83（0.12）
TRSDEN	居住地的公共交通网络密度（km/km^2）	4.8（3.2）	4.4（3.0）	4.0（3.0）	3.7（2.8）	3.2（2.4）	4.7（2.7）	3.5（2.3）
DITOCENTER	居住地中心与城市中心（天安门广场）距离（km）	15.3（7.8）	15.3（7.8）	15.3（7.8）	15.3（7.8）	15.3（7.8）	15.3（7.8）	15.3（7.8）
POPDEN_W	工作地的人口密度（千人/km^2）	17.5（10.9）	14.6（8.2）	12.1（7.2）	10.0（5.8）	8.3（4.0）	15.4（9.5）	10.3（6.0）
LANMIX_W	工作地的土地利用混合度（“熵”）	0.68（0.43）	0.72（0.30）	0.79（0.31）	0.83（0.26）	0.88（0.22）	0.77（0.31）	0.90（0.19）
TRSDEN_W	工作地的公共交通网络密度（km/km^2）	5.6（2.5）	5.3（2.5）	4.9（2.2）	4.4（2.0）	3.9（1.9）	5.6（2.2）	4.3（1.6）
DITOCENTER_W	工作中心与城市中心（天安门广场）距离（km）	7.5（4.9）	7.5（4.9）	7.5（4.9）	7.5（4.9）	7.5（4.9）	7.5（4.9）	7.5（4.9）
生活出行链								
POPDEN	居住地的人口密度（千人/km^2）	12.0（9.5）	9.8（7.9）	8.6（5.2）	7.0（5.1）	4.5（3.4）	10.7（8.0）	6.4（4.3）
LANMIX	居住地的土地利用混合度（“熵”）	0.48（0.39）	0.55（0.35）	0.59（0.33）	0.68（0.28）	0.74（0.21）	0.57（0.38）	0.76（0.22）
TRSDEN	居住地的公共交通网络密度（km/km^2）	4.5（4.0）	4.3（3.7）	4.3（3.5）	4.0（3.1）	3.6（3.0）	4.5（3.2）	4.1（2.8）
DITOCENTER	居住地中心与城市中心（天安门广场）距离（km）	18.0（11.5）	18.0（11.5）	18.0（11.5）	18.0（11.5）	18.0（11.5）	18.0（11.5）	18.0（11.5）

续表

变量	变量说明	250m Mean (S.D.)	600m Mean (S.D.)	1000m Mean (S.D.)	1500m Mean (S.D.)	2000m Mean (S.D.)	TAZ（交通小区）Mean (S.D.)	JIEDAO（街道）Mean (S.D.)
POPDEN_M	主要中途活动地点的人口密度（千人 /km^2）	11.2（8.6）	9.2（6.5）	8.6（6.1）	7.1（4.1）	4.5（2.3）	9.3（6.8）	5.9（3.2）
LANMIX_M	主要中途活动地点的土地利用混合度（“熵”）	0.62（0.48）	0.69（0.35）	0.75（0.30）	0.80（0.29）	0.84（0.24）	0.71（0.31）	0.88（0.26）
TRSDEN_M	主要中途活动地点的公共交通网络密度（km/km^2）	4.5（3.8）	4.4（3.5）	4.3（3.5）	4.1（3.4）	3.4（3.0）	4.7（3.0）	3.9（2.7）
DITOCENTER_M	主要中途活动地点与城市中心（天安门广场）距离（km）	15.8（8.0）	15.8（8.0）	15.8（8.0）	15.8（8.0）	15.8（8.0）	15.8（8.0）	15.8（8.0）
娱乐出行链								
POPDEN	居住地的人口密度（千人 /km^2）	12.2（9.4）	10.0（7.5）	8.5（6.0）	6.7（5.4）	4.2（4.0）	10.0（7.2）	5.4（5.0）
LANMIX	居住地的土地利用混合度（“熵”）	0.50（0.36）	0.59（0.32）	0.62（0.27）	0.67（0.24）	0.77（0.18）	0.62（0.35）	0.79（0.20）
TRSDEN	居住地的公共交通网络密度（km/km^2）	4.5（3.4）	4.2（3.2）	4.1（3.2）	4.0（3.0）	3.7（2.8）	4.4（2.8）	4.0（2.5）
DITOCENTER	居住地中心与城市中心（天安门广场）距离（km）	16.5（8.4）	16.5（8.4）	16.5（8.4）	16.5（8.4）	16.5（8.4）	16.5（8.4）	16.5（8.4）
POPDEN_R	主要中途活动地点的人口密度（千人 /km^2）	9.8（10.9）	7.6（8.3）	6.0（7.7）	5.4（6.5）	3.8（4.5）	7.8（8.4）	4.4（5.7）
LANMIX_R	主要中途活动地点的土地利用混合度（“熵”）	0.35（0.32）	0.44（0.32）	0.50（0.29）	0.60（0.28）	0.72（0.22）	0.46（0.32）	0.74（0.25）
TRSDEN_R	主要中途活动地点的公共交通网络密度（km/km^2）	3.8（4.1）	3.6（3.6）	3.5（3.3）	3.0（2.9）	2.6（2.2）	4.1（3.2）	2.9（2.0）
DITOCENTER_R	主要中途活动地点与城市中心（天安门广场）距离（km）	21.3（15.5）	21.3（15.5）	21.3（15.5）	21.3（15.5）	21.3（15.5）	21.3（15.5）	21.3（15.5）

5.3.2 MAUP 方案

本节分别基于七种空间尺度单元来测度建成环境要素，以捕捉两类 MAUP 效应，即尺度效应（scale effect）和分区效应（zoning effect），具体方案如表 5-9 所示。七类空间尺度包括两类划分方案，一种方案包括五个缓冲空间（半径分别为 250m、600m、1000m、1500m 和 2000m），另一种方案则包括两类管理单元（街道行政单元和交通小区单元）。

MAUP 空间单元划分方案说明　　表 5-9

MAUP 方案	说明
缓冲空间	
250m 半径范围（面积：0.2km²）	250m 半径范围是建成环境—出行行为研究领域最为常用的建成环境测度尺度，如 Schlossberg 等（2006）和 Houston（2014）。250m 大约为一个成年人 2.5min 的步行距离（Mitra et al.，2012）
600m 半径范围（面积：0.8km²）	600m 半径范围在实证研究中也较为常见，如 Clark 和 Scott（2014）以及 Houston（2014）。600m 大约为一个成年人步行 5min 的距离，该距离被认为是对出行者而言一个合理的步行距离
1000m 半径范围（面积：3.1km²）	1000m 半径范围在一些研究中出现，如 Frank 等（2017）、Mitra 和 Buliung（2012）、Hong 等（2014）。1000m 大约为一个成年人 10 ~ 12min 的步行距离
1500m 半径范围（面积：7.0km²）	该长度距离在一些 MAUP 研究中被定义为邻里尺度，如 Clark 和 Scott（2014）
2000m 半径范围（面积：12.5km²）	当前研究中 2000m 半径范围较少见。本节以出行链为研究对象，因此选取了较长半径范围尺度以检验建成环境对出行链行为的空间尺度效应
管理单元边界	
街道（平均面积：7.0km²）	街道是获取中国普查数据的最小地理单元。国内的一些研究从街道尺度测度建成环境要素，如 Wang 等（2011）和 Ma 等（2014）
交通小区（TAZ）（平均面积：0.8km²）	交通小区（TAZ）是交通研究中的最小地理单元。在过去有关建成环境和出行行为的研究中，TAZ 是非常常见的建成环境测度单位，如 Bhat 和 Guo（2007）以及 Elldér（2014）

通过比较五类不同半径缓冲空间方案的估计结果，以及比较街道（较大尺度）和交通小区（较小尺度）空间方案的估计结果，来捕捉建成环境对出行行为的“尺度效应”；通过比较 600m 半径缓冲空间和交通小区方案的估计结果（二者尺度规模类似但空间构型不同），以及比较 1500m 半径缓冲空间

和街道单元方案的估计结果（同样地，二者尺度规模类似但空间构型不同），来捕捉建成环境对出行行为的“分区效应”。七类建成环境空间测度单元如图 5-2 和表 5-9 所示。

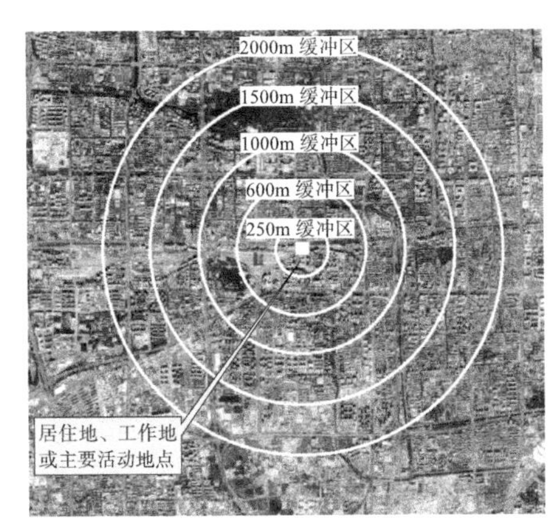

图 5–2　围绕居住地或主要中途活动地点的七类空间单元划分方案

5.3.3　模型估计与分析

采用二分类 Logistic 回归模型估计出行方式，采用有序 Logistic 回归模型估计出行链复杂度（即中途活动地点个数）。其中，出行方式模型如下：

$$\ln\frac{P(\text{mode}=1)}{1-P(\text{mode}=1)}=\alpha_0+\alpha_1 x_1+\cdots+\alpha_n x_n \tag{5-5}$$

式中，因变量 P（mode=1）为选择小汽车出行方式的概率；x_i 为自变量，表示个体属性变量和建成环境变量。对任一出行目的 p（p=1，2，3）和任一空间尺度单元 u（u=1，2，…，7）下度量的建成环境变量，共需估计 21（3×7）个模型，用以刻画建成环境对出行方式的影响。

估计量 $\hat{\alpha}_i$ 表示个体属性变量以及建成环境变量与选择小汽车出行概率（odds）的对数值之间的关系。概率比 $\exp\hat{\alpha}_i$ 则表示自变量改变一个单位带来的选择小汽车出行概率的变化。

出行链复杂度模型形式如下：

$$\left.\begin{aligned}&\text{Logit1}=\ln\left(\frac{P_1}{1-P_1}\right)=\beta_0{}^1+\sum_{i=1}^{n}\beta_i x_i\\&\text{Logit2}=\ln\left(\frac{P_1+P_2}{1-P_1-P_2}\right)=\beta_0{}^2+\sum_{i=1}^{n}\beta_i x_i\\&P_3=1-P_1-P_2\end{aligned}\right\}\tag{5-6}$$

式中，P_1 为 1 个中途活动地点出行链的发生概率；P_2 为 2 个中途活动地点出行链的发生概率；P_3 为 3 个及以上中途活动地点出行链的发生概率；$\beta_0{}^1$ 和 $\beta_0{}^2$ 为常数项；β_i 为偏回归系数（在 Logit1 和 Logit2 的表达式中取值相同）。同样地，共需估计 21（3 × 7）个出行链复杂度模型，以刻画不同出行目的和不同空间尺度下建成环境对出行链复杂度的影响。估计系数的解释与出行方式模型类似。

为检验每种出行目的子样本的 MAUP 效应并识别测度建成环境变量的"最优"空间单元，需要比较七种 MAUP 方案下的建成环境变量的系数估计量。首先，对比七种 MAUP 方案下的模型估计系数，寻找建成环境变量系数随着 MAUP 方案变化的规律，识别每种出行目的下的建成环境变量测度的"最优空间尺度"；然后，利用 T 均值法检验不同 MAUP 空间尺度下建成环境变量系数估计量的差异是否显著。

（1）不含建成环境变量的基准模型估计

首先估计仅包含个人属性变量的模型，对出行方式和出行链复杂度分别估计，每类模型用工作出行链、生活出行链和娱乐出行链子样本分别估计，结果如表 5-10 所示。

无论是出行方式模型还是出行链复杂度模型，娱乐出行链模型的拟合优度都高于生活出行链模型和工作出行链模型。此外，娱乐出行链模型中显著变量个数也多于生活出行链模型和工作出行链模型。该结果表明，娱乐出行与个体属性变量之间关系强于其他目的出行。

模型系数估计量反映了个体属性特征对出行行为的影响。例如，对于工作出行链的出行方式模型，在其他条件一定的情况下，相比于 55 岁以上人群，年龄在 35 ~ 54 岁人群选择小汽车出行的概率要多出 28.8%（exp（0.253）× 100% − 100%）。类似地，出行距离在 5km 内的工作出行链选择小汽车出行的概率要比出行距离 15km 的工作出行链低出 42.9%（100% − exp[0.175 ×（5 − 15）] ×

100%）。出行链复杂度模型的系数可按相同方式解读。

出行方式模型结果表明，年龄在 35 ~ 54 岁、高收入、长出行距离且有学龄儿童的出行者更倾向于选择小汽车出行方式。拥有自有住房的出行者更倾向于采用小汽车出行方式完成娱乐出行。

出行链复杂度模型结果表明，三种目的的出行中，女性更倾向于产生复杂出行链，有学龄儿童且家庭成员数较多的出行者倾向于采用复杂出行链完成生活和娱乐出行，高收入出行者倾向于采用复杂出行链完成娱乐出行，低收入出行者较少采用复杂出行链。

（2）完整模型估计：同时引入个体属性变量和建成环境变量

在基准模型基础上，加入建成环境变量，建成环境变量分别按照七种 MAUP 方案测度。表 5-11（出行方式估计模型）、表 5-12（出行链复杂度估计模型）列出了三种出行目的下七种 MAUP 方案的建成环境变量系数的估计量和模型拟合优度。进入模型的自变量的方差膨胀因子均小于 10（表 5-13 和表 5-14），表明自变量之间不存在严重的共线性问题。所有模型均进行了 Hosmer-Lemeshow 拟合优度检验（表 5-15），除去 2000m 半径范围的生活出行模型以及 250m 半径范围内的娱乐出行模型外，其他模型均具有较好的统计精度。

① MAUP 尺度效应对“建成环境—出行行为”的影响。

通过对比不同 MAUP 方案下模型的估计结果（表 5-11 和表 5-12）可以发现，随着建成环境变量测度的空间尺度的变化，模型的拟合优度 R^2 以及建成环境变量的显著度水平都会发生变化。例如，对于工作出行的出行方式模型，600m 半径范围和 TAZ 范围下的模型拟合优度 R^2 最高（分别为 0.380 和 0.381），且在这两个模型中的 8 个建成环境变量中 6 个变量是显著的。在 1500m 和 2000m 半径范围下的模型中，仅 2 个建成环境变量显著，且模型拟合优度 R^2 相对较低（分别为 0.221 和 0.209）。此外，T 均值检验结果表明（表 5-16 ~ 表 5-18），不同空间尺度模型的建成环境变量系数估计量的差异是显著的。

需要指出的是，MAUP 的尺度效应随出行目的而变，这一发现为之前有关建成环境和出行行为关系研究的不一致结论提供了合理解释。

② MAUP 分区效应对“建成环境—出行行为”关系的影响。

通过对相似空间尺度的不同区域进行 Pseudo-Zonal 分析，即通过对比不同区间估计模型的建成环境变量系数估计量，来检验 MAUP 的分区效应。具体而言，600m 半径范围与 TAZ 区间相比，1500m 半径范围与街道范围相比。*T* 均值检验结果如表 5-16 ~ 表 5-18 所示。

可以看出，无论是出行方式模型还是出行链复杂度模型，600m 半径范围模型和 TAZ 范围模型的建成环境变量系数都没有显著差异。然而，1500m 半径范围模型和街道范围模型差异显著，但未观察出差异的规律。这表明，当建成环境变量在一个较大尺度上测度时，建成环境和出行行为的关系受 MAUP 分区效应的影响。

③出行目的对“建成环境—出行行为”关系的影响。

以下分析不同出行目的在不同空间尺度下的“建成环境—出行行为”关系。对每个出行目的定义一个“最优”建成环境测量尺度。“最优尺度”，即一系列空间尺度模型中拟合优度最佳的模型对应的那个空间尺度。不同出行目的对应的“最优尺度”如表 5-19 所示。

首先，不同出行目的，其“最优尺度”不同。对于工作出行链，测量建成环境变量的最优尺度是 TAZ 范围和 600m 半径范围。对于生活出行链和娱乐出行链，最优尺度分别是 250m 半径范围和 1500m 半径范围。最优尺度根据出行目的而异，其主要原因是不同目的的出行活动通常在不同尺度范围内完成。例如，生活出行通常在邻里范围内产生，因此 250m 半径范围内（大约一个邻里尺度）的建成环境与生活出行关系最为密切。娱乐出行通常出行距离较长，因此通常与较大尺度范围内（1500m 半径范围）的建成环境关系最为密切。

其次，建成环境对出行行为影响的强度也因出行目的而异。通过对比三个出行目的的“最优”模型估计结果，可以发现，对于工作出行，8 个建成环境变量中有 6 个变量显著;但对于娱乐出行,仅 3 个建成环境变量显著。此外，如果移除模型中的建成环境变量，工作出行模型拟合优度显著下降（从 0.381 下降到 0.071），而生活出行和娱乐出行模型的拟合优度仅有小幅下降（分别下降了 0.177 和 0.079），具体如表 5-19 所示。这一发现表明，工作出行受建成环境影响最大，其次是生活出行，娱乐出行受建成环境影响最小。该发现在一定程度上可以解释以往研究的不一致结论。

再次，居住地建成环境和中途活动地点建成环境的相对重要度因出行目的而异。对于工作出行，工作地的建成环境比居住地的建成环境对出行行为的重要度更大。这可能与工作出行样本的出行链结构有关，样本中有大量往返工作地的工作出行复杂链。对于生活和娱乐出行链，居住地建成环境更为重要，这可能是由于此类出行通常围绕居住地周边来组织。

（3）结论与讨论

本节同时考虑了出行目的和 MAUP 效应，检验不同出行目的和不同空间尺度下建成环境与出行行为的关系。结果发现，无论是出行目的还是 MAUP，均对“建成环境—出行行为”关系有显著影响。未来在建成环境和出行行为研究中，不能忽视出行目的和 MAUP 的影响。

MAUP 尺度效应显著影响建成环境变量估计系数；MAUP 分区效应对建成环境变量的影响稍弱，特别是当空间尺度较小时。

出行目的显著影响建成环境和出行行为关系。首先，建成环境的“最优尺度”因出行目的而异。工作目的出行与 600m 半径范围和 TAZ 范围内的建成环境变量关系最为密切，生活目的出行和娱乐目的出行分别与 250m 半径范围和 1500m 半径范围的建成环境变量关系最密切。其次，建成环境与出行行为关系的强度也因出行目的而异。工作出行受建成环境影响最强烈，其次是生活出行，娱乐出行与建成环境关系最为松散。再次，工作出行受工作地建成环境影响大于受居住地建成环境影响，生活和娱乐出行受居住地建成环境影响更大。最后，高密度混合土地利用模式会增加工作出行链的复杂度，但不会增加其他目的出行链的复杂度。

本节内容拓展了建成环境与出行行为关系的研究，且具有一定的政策启示。首先，通过改善建成环境（如增加人口密度和土地利用混合度）来减少小汽车出行的政策效果可能只对工作目的出行有效，但对生活和娱乐出行不一定有效。其次，政策制定需要考虑不同出行目的的“最优”建成环境尺度。工作、生活和娱乐出行所对应的“最优尺度”分别是 600m（TAZ）、250m 和 1500m 半径范围。例如，在 250m 半径范围内提供适当密度、高质量的生活服务设施（零售店、餐馆等）能够减少生活目的出行的小汽车使用。再次，在工作地合理范围内提升土地利用混合度以及公共交通服务水平，能有效减少工作出行的小汽车使用，并增加出行链复杂度，从而减少交通拥堵和环境污染。

出行方式和出行链复杂度的基准模型（仅含个人属性变量）估计结果 表 5-10

变量	出行方式模型（小汽车 =1）						出行链复杂度模型（中途活动地点 =1，2，3 及以上）					
	工作出行链		生活出行链		娱乐出行链		工作出行链		生活出行链		娱乐出行链	
	估计值	*P* 值	估计值	*P* 值	估计值	*P* 值	估计值	*P* 值	估计值	*P* 值	估计值	*P* 值
截距项	−3.033	*P*<0.010	−2.825	*P*<0.010	−2.737	*P*<0.010	−1.288	*P*<0.010	−2.876	*P*<0.010	−2.382	*P*<0.010
							−0.263	0.078	−0.681	*P*<0.050	−0.455	*P*<0.050
年龄												
*Age*1（18 ~ 34 岁）	0.012	0.350	−0.008	0.278	−0.097	0.156	0.007	0.625	−0.005	0.411	0.036	0.419
*Age*2（35 ~ 54 岁）	0.253*	*P*<0.050	0.246*	*P*<0.050	0.312*	*P*<0.050	0.195*	*P*<0.050	−0.012	0.370	0.213*	*P*<0.050
*Age*3（≥ 55 岁）(*ref*)	—	—	—	—	—	—	—	—	—	—	—	—
性别												
Male（*ref*）	—	—	—	—	—	—	—	—	—	—	—	—
Female	−0.039	0.256	−0.030	0.192	−0.124	0.084	0.203*	*P*<0.050	0.353**	*P*<0.010	0.267*	*P*<0.050
月收入												
*Income*1（≤ 5000 元）	−0.060	0.443	−0.064	0.324	−0.138*	*P*<0.050	−0.009	0.287	−0.081	0.250	−0.184*	*P*<0.050
*Income*2（5001 ~ 10000 元）(*ref*)	—	—	—	—	—	—	—	—	—	—	—	—
*Income*3（≥ 10001 元）	0.251*	*P*<0.050	0.309*	*P*<0.050	0.449**	*P*<0.010	−0.123	0.061	−0.076	0.128	0.390**	*P*<0.010

续表

变量	出行方式模型（小汽车 =1）						出行链复杂度模型（中途活动地点 =1，2，3 及以上）					
	工作出行链		生活出行链		娱乐出行链		工作出行链		生活出行链		娱乐出行链	
	估计值	P 值	估计值	P 值	估计值	P 值	估计值	P 值	估计值	P 值	估计值	P 值
房屋产权												
Selfhouse	0.100	0.242	0.206	0.067	0.495*	P<0.010	−0.014	0.346	−0.004	0.598	−0.096	0.088
Renthouse（*ref*）	—	—	—	—	—	—	—	—	—	—	—	—
是否有学龄儿童												
Kids	0.197	0.112	0.430*	P<0.050	0.696**	P<0.010	0.087	0.140	0.269*	P<0.050	0.255*	P<0.050
Nonkids（*ref*）	—	—	—	—	—	—	—	—	—	—	—	—
家庭规模（人）	0.076	0.199	0.134	0.078	0.172	0.064	−0.197*	P<0.050	−0.177*	P<0.050	0.029	0.120
出行链长度（km）	0.175*	P<0.050	0.143*	P<0.050	0.201*	P<0.050	0.094*	P<0.050	0.089	0.085	0.139*	P<0.050
出行链时间（min）	0.106	0.251	0.097	0.082	0.197	0.138	0.078	0.099	0.045	0.186	0.090*	P<0.050
模型统计量												
−2log-likehood	3712.263		2492.259		2744.890		3944.007		2518.054		2944.297	
Pseudo R^2	0.071		0.088		0.125		0.064		0.081		0.109	

注：带 * 系数估计量表示在 $P<0.050$ 水平上显著，带 ** 系数估计量表示在 $P<0.010$ 水平上显著。

建成环境和出行方式关系的二分类 Logit 模型估计结果

（因变量为出行方式，小汽车方式 =1）

表 5-11

地理尺度分类	居住地的建成环境变量				主要中途活动地点的建成环境变量				Pseudo R^2
	POPDEN	LANDMIX	TRSDEN	DITOCENTER	POPDEN_W/M/R	LANDMIX_W/M/R	TRSDEN_W/M/R	DITOCENTER_W/M/R	
工作出行链									
缓冲范围半径（m）									
250	−0.072	−0.108	−0.172*	0.112	−0.184**	−0.274*	−0.125*	0.104	0.328
600	−0.116	−0.230*	−0.162*	0.082	−0.305**	−0.702**	−0.220*	0.184**	0.380
1000	−0.027	−0.177*	−0.148*	0.049	−0.152*	−0.386**	−0.090	0.123*	0.334
1500	−0.003	−0.098	−0.082	0.031	−0.137*	−0.152*	−0.037	0.052	0.221
2000	−0.004	−0.037	−0.069	0.055	−0.125*	−0.130*	−0.026	0.066	0.209
管理边界范围									
TAZ	−0.099	−0.237*	−0.162*	0.084	−0.311**	−0.690**	−0.235*	0.203**	0.381
JIEDAO	−0.017	−0.049	−0.090	−0.037	−0.122*	−0.260*	−0.031	0.075	0.238
生活出行链									
缓冲范围半径（m）									
250	−0.245*	−0.442**	−0.154*	0.821**	−0.034	−0.393**	−0.018	0.403**	0.265
600	−0.169*	−0.374**	−0.119	0.696**	−0.094	−0.259*	−0.020	0.287**	0.251
1000	−0.130	−0.215*	−0.082	0.304*	−0.084	−0.077	−0.024	0.195*	0.238

续表

地理尺度分类	居住地的建成环境变量				主要中途活动地点的建成环境变量				Pseudo R^2
	POPDEN	LANDMIX	TRSDEN	DITOCENTER	POPDEN_ W/M/R	LANDMIX_ W/M/R	TRSDEN_ W/M/R	DITOCENTER_ W/M/R	
1500	−0.108	−0.100	−0.099	0.225*	−0.041	−0.067	−0.008	0.087	0.195
2000	−0.100	−0.050	−0.040	0.109	−0.033	−0.082	−0.039	0.080	0.156
管理边界范围									
TAZ	−0.166*	−0.397**	−0.106	0.704**	−0.099	−0.251*	−0.082	0.291**	0.259
JIEDAO	−0.130	−0.078	−0.052	−0.098	−0.045	−0.097	−0.030	0.064	0.170
娱乐出行链									
缓冲范围半径（m）									
250	−0.080	−0.089	−0.008	0.087	0.094	0.033	−0.030	0.041	0.145
600	−0.133*	−0.070	−0.075	0.094	0.088	0.060	−0.077	0.057	0.145
1000	−0.153*	−0.136*	−0.109	0.042	0.130	0.079	−0.065	0.078	0.178
1500	−0.166*	−0.195*	−0.084	0.090	0.224*	0.054	−0.112	0.104	0.204
2000	−0.094	−0.181*	−0.126	0.037	0.217*	0.067	−0.102	0.032	0.199
管理边界范围									
TAZ	−0.147*	−0.094	−0.098	0.083	0.095	0.062	−0.058	0.077	0.149
JIEDAO	−0.150*	−0.180*	−0.004	0.069	0.197*	0.041	−0.094	0.049	0.200

注：带 * 系数估计量表示在 $P< 0.050$ 水平上显著，带 ** 系数估计量表示在 $P< 0.010$ 水平上显著。

建成环境和出行链复杂度的有序多分类 Logit 模型估计结果

（因变量为中途活动地点个数，中途活动地点个数 =1，2，3 及以上） 表 5-12

地理尺度分类	居住地的建成环境变量				主要中途活动地点的建成环境变量				Pseudo R^2
	POPDEN	LANDMIX	TRSDEN	DITOCENTER	POPDEN_W/M/R	LANDMIX_W/M/R	TRSDEN_W/M/R	DITOCENTER_W/M/R	
工作出行链									
缓冲范围半径（m）									
250	0.003	0.110*	0.025	0.008	0.242**	0.195*	0.121	−0.022	0.199
600	0.055	0.114*	0.094*	0.045	0.350**	0.201**	0.144*	−0.098*	0.205
1000	0.008	0.097*	0.072	0.008	0.201**	0.154*	0.184*	−0.035	0.187
1500	0.017	0.063	0.049	0.010	0.096*	0.118*	0.108*	−0.081	0.169
2000	0.005	0.078	0.028	0.014	0.092*	0.102*	0.077	−0.029	0.157
管理边界范围									
TAZ	0.081	0.114*	0.099*	0.033	0.361**	0.225**	0.192*	−0.100*	0.210
JIEDAO	0.012	0.072	0.050	0.003	0.099*	0.125*	0.084	−0.030	0.171
生活出行链									
缓冲范围半径（m）									
250	−0.134*	−0.119*	−0.096*	−0.007	−0.075	0.042	−0.091*	−0.044	0.139
600	−0.129*	−0.124*	−0.092*	−0.002	−0.033	0.021	−0.056	−0.038	0.130
1000	0.090*	−0.088*	−0.011	−0.001	−0.005	0.010	−0.027	−0.019	0.121

续表

地理尺度分类	居住地的建成环境变量				主要中途活动地点的建成环境变量				Pseudo R^2
	POPDEN	LANDMIX	TRSDEN	DITOCENTER	POPDEN_W/M/R	LANDMIX_W/M/R	TRSDEN_W/M/R	DITOCENTER_W/M/R	
1500	−0.065	−0.074	−0.001	−0.008	−0.004	0.007	−0.022	−0.043	0.114
2000	−0.046	−0.036	−0.009	−0.006	−0.004	0.015	−0.008	−0.012	0.090
管理边界范围									
TAZ	−0.130*	−0.121*	−0.090*	−0.015	−0.018	0.026	−0.079	−0.094	0.134
JIEDAO	−0.043	−0.066	−0.002	−0.004	−0.002	0.002	−0.008	−0.040	0.108
娱乐出行链									
缓冲范围半径（m）									
250	−0.033	−0.072	0.001	−0.008	−0.022	0.000	0.001	0.002	0.116
600	−0.041	−0.065	0.033	−0.024	−0.031	0.000	0.009	0.010	0.116
1000	−0.063	−0.087*	0.039	−0.032	−0.027	0.008	0.008	0.016	0.120
1500	−0.086*	−0.104*	0.040	−0.053	−0.029	0.015	0.014	0.027	0.128
2000	−0.089*	−0.096*	0.032	−0.038	−0.044	0.031	0.011	0.028	0.123
管理边界范围									
TAZ	−0.045	−0.080*	0.035	−0.029	−0.035	0.000	0.007	0.010	0.118
JIEDAO	−0.097*	−0.105*	0.032	−0.018	−0.045	0.015	0.014	0.052	0.124

注：带 * 系数估计量表示在 $P< 0.050$ 水平上显著，带 ** 系数估计量表示在 $P< 0.010$ 水平上显著。

出行方式模型自变量的共线性检验（VIF 计算结果） 表 5-13

出行目的分类	地理尺度分类	居住地的建成环境变量				主要中途活动地点的建成环境变量				Pseudo R^2
		POPDEN	LANDMIX	TRSDEN	DITOCENTER	POPDEN_W/M/R	LANDMIX_W/M/R	TRSDEN_W/M/R	DITOCENTER_W/M/R	
工作出行链	250m	−0.072（5.558）	−0.108（3.902）	−0.172*（3.409）	0.112（3.952）	−0.184**（6.810）	−0.274*（1.422）	−0.125*（1.735）	0.104（3.281）	0.328
	600m	−0.116（3.470）	−0.230*（3.667）	−0.162*（1.804）	0.082（2.992）	−0.305**（5.775）	−0.702**（1.214）	−0.220*（1.927）	0.184**（2.055）	0.380
	1000m	−0.027（6.300）	−0.177*（5.796）	−0.148*（4.990）	0.049（6.390）	−0.152*（4.347）	−0.386**（1.805）	−0.090（4.544）	0.123*（6.502）	0.334
	1500m	−0.003（6.585）	−0.098（4.093）	−0.082（6.782）	0.031（5.236）	−0.137*（6.308）	−0.152*（4.225）	−0.037（6.335）	0.052（4.268）	0.221
	2000m	−0.004（7.012）	−0.037（6.219）	−0.069（8.377）	0.055（4.529）	−0.125*（7.984）	−0.134*（6.011）	−0.026（6.095）	0.066（5.730）	0.209
	TAZ	−0.099（3.340）	−0.237*（1.694）	−0.162*（2.478）	0.0842（2.190）	−0.311（1.992）	−0.690**（1.348）	−0.235*（4.432）	0.203**（1.977）	0.381
	JIEDAO	−0.017（5.399）	−0.049（7.224）	−0.090（8.889）	−0.037（6.338）	−0.122*（7.450）	−0.260*（7.235）	−0.031（6.076）	0.075（6.448）	0.238
生活出行链	250m	−0.245*（6.543）	−0.442**（2.348）	−0.154*（4.446）	0.821**（1.503）	−0.034（4.645）	−0.393**（3.409）	−0.018（6.542）	0.403**（2.528）	0.265
	600m	−0.169（6.638）	−0.374**（3.505）	−0.119（5.017）	0.696**（1.216）	−0.094（5.378）	−0.259*（1.240）	−0.020（6.974）	0.287**（2.748）	0.251
	1000m	−0.130（7.156）	−0.215*（4.183）	−0.082（7.067）	0.304*（4.528）	−0.084（5.841）	−0.077（5.129）	−0.024（6.207）	0.195*（5.917）	0.238
	1500m	−0.108（7.795）	−0.100（7.725）	−0.099（8.456）	0.225*（3.279）	−0.041（6.295）	−0.067（4.017）	−0.008（7.111）	0.087（5.219）	0.195

续表

出行目的分类	地理尺度分类	居住地的建成环境变量				主要中途活动地点的建成环境变量				Pseudo R^2
		POPDEN	LANDMIX	TRSDEN	DITOCENTER	POPDEN_W/M/R	LANDMIX_W/M/R	TRSDEN_W/M/R	DITOCENTER_W/M/R	
生活出行链	2000m	−0.104 (7.425)	−0.055 (8.042)	−0.047 (6.509)	0.109 (8.767)	−0.033 (6.844)	−0.089 (6.928)	−0.039 (5.302)	0.083 (6.927)	0.156
	TAZ	−0.166* (4.093)	−0.397** (2.629)	−0.106 (5.978)	0.704** (1.473)	−0.098 (4.012)	−0.251* (2.418)	−0.082 (5.772)	0.291** (3.167)	0.259
	JIEDAO	−0.130 (7.079)	−0.078 (6.542)	−0.052 (8.051)	−0.098 (7.120)	−0.045 (6.904)	−0.097 (5.472)	−0.030 (6.484)	0.064 (6.112)	0.170
娱乐出行链	250m	−0.080 (3.522)	−0.089 (4.425)	−0.008 (4.705)	0.087 (2.903)	0.094 (5.645)	0.033 (3.889)	−0.030 (4.751)	0.041 (3.108)	0.145
	600m	−0.133* (3.778)	−0.070 (5.357)	−0.075 (5.185)	0.094 (3.334)	0.088 (5.018)	0.060 (5.149)	−0.077 (5.351)	0.057 (2.972)	0.145
	1000m	−0.153* (6.224)	−0.136* (5.701)	−0.109 (6.691)	0.042 (3.992)	0.130 (6.148)	0.079 (6.950)	−0.065 (7.029)	0.078 (5.025)	0.178
	1500m	−0.166* (7.598)	−0.195* (5.342)	−0.084 (5.425)	0.090 (4.916)	0.224* (5.908)	0.054 (6.271)	−0.112 (6.870)	0.104 (5.200)	0.204
	2000m	−0.094 (7.081)	−0.181* (7.015)	−0.126 (4.290)	0.037 (6.849)	0.217* (5.775)	0.067 (6.480)	−0.102 (7.244)	0.032 (7.406)	0.198
	TAZ	−0.147* (4.505)	−0.094 (5.744)	−0.098 (5.049)	0.083 (4.078)	0.095 (6.493)	0.062 (5.837)	−0.058 (3.995)	0.077 (2.169)	0.149
	JIEDAO	−0.150* (6.708)	−0.180* (4.996)	−0.004 (6.875)	0.069 (8.462)	0.197* (7.183)	0.041 (5.667)	−0.094 (7.490)	0.049 (6.665)	0.200

注：数字和括号中数字分别代表建成环境变量的估计参数和方差膨胀因子（VIF），带 * 系数估计量表示在 $P< 0.050$ 水平上显著，带 ** 系数估计量表示在 $P< 0.010$ 水平上显著。

表 5-14

出行链复杂度模型自变量的共线性检验（VIF 计算结果）

出行目的分类	地理尺度分类	居住地的建成环境变量				主要中途活动地点的建成环境变量				Pseudo R^2
		POPDEN	LANDMIX	TRSDEN	DITOCENTER	POPDEN_W/M/R	LANDMIX_W/M/R	TRSDEN_W/M/R	DITOCENTER_W/M/R	
工作出行链	250m	0.003 （5.387）	0.110* （3.062）	0.025 （3.912）	0.008 （2.448）	0.242** （4.256）	0.195* （2.180）	0.121 （4.213）	−0.022 （3.255）	0.199
	600m	0.055 （4.245）	0.114* （2.065）	0.094* （4.175）	0.045 （3.105）	0.350** （5.662）	0.201** （3.219）	0.144* （6.089）	−0.098* （5.768）	0.205
	1000m	0.008 （5.768）	0.097* （3.317）	0.072 （4.098）	0.008 （6.160）	0.201** （6.715）	0.154* （3.768）	0.184* （7.062）	−0.035 （4.213）	0.187
	1500m	0.017 （6.270）	0.063 （4.271）	0.049 （6.898）	0.010 （7.324）	0.096* （7.440）	0.118* （5.370）	0.108* （7.944）	−0.081 （6.883）	0.169
	2000m	0.005 （7.239）	0.078 （5.734）	0.033 （7.730）	0.017 （6.872）	0.095* （7.573）	0.105*（6.415）	0.077 （7.635）	−0.029 （7.530）	0.157
	TAZ	0.081 （4.201）	0.114* （1.940）	0.099* （5.830）	0.033 （3.108）	0.361** （4.476）	0.225** （3.130）	0.192* （5.348）	−0.100* （5.045）	0.210
	JIEDAO	0.012 （7.043）	0.072 （6.382）	0.050 （8.178）	0.003 （6.644）	0.099* （7.002）	0.125* （7.015）	0.084 （7.426）	−0.030 （7.316）	0.171
生活出行链	250m	−0.134* （4.464）	−0.119* （3.639）	−0.096* （4.904）	−0.007 （6.025）	−0.075 （5.632）	0.042 （3.650）	−0.091* （3.850）	−0.044 （3.273）	0.139
	600m	−0.129* （5.378）	−0.124* （2.426）	−0.092* （4.900）	−0.002 （4.456）	−0.033 （4.178）	0.021 （2.459）	−0.056 （4.136）	−0.038 （3.879）	0.130
	1000m	0.090* （6.063）	−0.088* （4.116）	−0.011 （7.730）	−0.001 （6.333）	−0.005 （5.009）	0.010 （3.758）	−0.027 （5.665）	−0.019 （4.235）	0.121
	1500m	−0.065 （6.406）	−0.074 （4.718）	−0.001 （8.328）	−0.008 （6.945）	−0.004 （5.162）	0.007 （5.015）	−0.022 （7.367）	−0.043 （6.504）	0.114

续表

出行目的分类	地理尺度分类	居住地的建成环境变量				主要中途活动地点的建成环境变量				Pseudo R^2
		POPDEN	LANDMIX	TRSDEN	DITOCENTER	POPDEN_W/M/R	LANDMIX_W/M/R	TRSDEN_W/M/R	DITOCENTER_W/M/R	
生活出行链	2000m	−0.046（7.275）	−0.036（7.682）	−0.009（8.129）	−0.006（7.649）	−0.004（5.821）	0.015（7.518）	−0.008（7.401）	−0.012（8.240）	0.090
	TAZ	−0.130*（4.738）	−0.121*（3.820）	−0.090*（4.061）	−0.015（3.418）	−0.018（4.270）	0.026（2.485）	−0.079（4.224）	−0.094（4.175）	0.134
	JIEDAO	−0.043（6.861）	−0.066（8.244）	−0.002（8.005）	−0.004（5.825）	−0.002（6.890）	0.002（6.224）	−0.008（6.856）	−0.040（5.591）	0.108
娱乐出行链	250m	−0.033（5.644）	−0.072（4.603）	0.001（6.265）	−0.008（3.790）	−0.022（6.542）	0.000（8.507）	0.001（5.420）	0.002（4.756）	0.116
	600m	−0.041（5.831）	−0.065（3.818）	0.033（7.658）	−0.024（3.282）	−0.031（7.690）	0.000（8.667）	0.009（7.909）	0.010（3.653）	0.116
	1000m	−0.063（5.106）	−0.087*（3.276）	0.039（7.754）	−0.032（4.018）	−0.027（8.439）	0.008（8.014）	0.008（8.213）	0.016（3.892）	0.120
	1500m	−0.086*（4.971）	−0.104*（4.481）	0.040（7.013）	−0.053（4.820）	−0.029（8.841）	0.015（7.293）	0.014（7.620）	0.027（4.303）	0.128
	2000m	−0.089*（6.452）	−0.096*（4.726）	0.032（7.834）	−0.038（5.327）	−0.044（9.221）	0.031（8.734）	0.011（7.844）	0.028（3.912）	0.123
	TAZ	−0.045（5.215）	−0.080*（2.478）	0.035（7.119）	−0.029（3.446）	−0.035（7.276）	0.000（8.667）	0.007（7.400）	0.010（3.578）	0.118
	JIEDAO	−0.097*（6.375）	−0.105*（3.502）	0.032（8.010）	−0.018（6.178）	−0.045（8.147）	0.015（7.310）	0.014（8.556）	0.052（2.417）	0.124

注：数字和括号中数字分别代表建成环境变量的估计参数和方差膨胀因子（VIF），带 * 系数估计量表示在 $P< 0.050$ 水平上显著，带 ** 系数估计量表示在 $P< 0.010$ 水平上显著。

最终模型对比基准模型的 Hosmer-Lemeshow 检验 表 5-15

	出行方式模型		出行链复杂度模型	
	H-L Statistic	Prob. Chi-Sq.（8）	Chi - square	Prob. Chi-Sq.（8）
工作出行链				
250m	8.411	0.404	11.528	0.212
600m	7.842	0.508	10.749	0.244
1000m	8.072	0.450	10.995	0.231
1500m	11.682	0.227	11.823	0.200
2000m	11.970	0.209	12.694	0.185
TAZ	7.533	0.549	9.623	0.319
JIEDAO	10.198	0.285	12.821	0.173
生活出行链				
250m	9.123	0.378	10.168	0.225
600m	10. 885	0.194	12.574	0.148
1000m	12.512	0.134	14.925	0.069
1500m	13.895	0.097	13.553	0.061
2000m*	16.792	0.031	19.071	0.018
TAZ	10. 329	0.200	11.318	0.202
JIEDAO	14.736	0.062	13.889	0.078
娱乐出行链				
250m*	16.270	0.048	15.509	0.050
600m	14.887	0.072	13.833	0.085
1000m	14.482	0.087	12.948	0.140
1500m	12.302	0.129	10.012	0.267
2000m	13.296	0.099	10.593	0.234
TAZ	15.200	0.062	13.118	0.132
JIEDAO	12.551	0.125	10.135	0.242

注：* 表示该层次模型未通过检验。

表 5-16

不同空间尺度下工作出行模型系数的 T 均值检验结果

	Pair1			Pair 2		
	250m Coef.（S.E.）	600m Coef.（S.E.）	*t*-diff.	600m Coef.（S.E.）	1000m Coef.（S.E.）	*t*-diff.
POPDEN	−0.072（0.108）	−0.096（0.097）	**2.182**	−0.096（0.097）	−0.027（0.076）	***−3.286***
LANDMIX	−0.108（0.058）	−0.230**（0.050）	***15.250***	−0.230**（0.050）	0.177*（0.067）	***−3.118***
TRSDEN	−0.172*（0.077）	−0.159*（0.078）	***−13.008***	−0.159*（0.078）	−0.148*（0.073）	**−2.200**
DITOCENTER	0.112（0.124）	0.082（0.087）	0.811	0.082（0.087）	0.049（0.099）	**2.750**
POPDEN_W	−0.184*（0.068）	−0.305**（0.055）	***9.307***	−0.305**（0.055）	−0.152*（0.070）	***−10.200***
LANDMIX_W	−0.274*（0.109）	−0.702**（0.040）	***6.203***	−0.702**（0.040）	−0.386**（0.098）	***−5.448***
TRSDEN_W	−0.125*（0.048）	−0.220**（0.043）	***19.019***	−0.220**（0.043）	−0.090（0.052）	***−14.444***
DITOCENTER_W	0.104（0.066）	0.184*（0.060）	***−13.333***	0.184*（0.060）	0.123*（0.069）	***6.778***
	Pair 3			Pair 4		
	1000m Coef.（S.E.）	1500m Coef.（S.E.）	*t*-diff.	1500m Coef.（S.E.）	2000m Coef.（S.E.）	*t*-diff.
POPDEN	−0.027（0.076）	−0.003（0.012）	−0.375	−0.003（0.012）	−0.010（0.088）	0.092
LANDMIX	0.177*（0.067）	−0.098（0.072）	***−15.804***	−0.098（0.072）	−0.037（0.077）	***−12.204***
TRSDEN	−0.148*（0.073）	−0.082（0.094）	***−3.143***	−0.082（0.094）	−0.069（0.084）	−1.311
DITOCENTER	0.049（0.099）	0.031（0.112）	1.385	0.031（0.112）	0.055（0.120）	***−3.002***
POPDEN_W	−0.152*（0.070）	−0.137*（0.064）	**−2.501**	−0.137*（0.064）	−0.125*（0.062）	***−6.014***
LANDMIX_W	−0.386**（0.098）	−0.152*（0.066）	***−7.313***	−0.152*（0.066）	−0.130*（0.060）	***−3.667***
TRSDEN_W	−0.090（0.052）	−0.037（0.068）	***−3.313***	−0.037（0.068）	−0.026（0.076）	−1.375
DITOCENTER_W	0.123*（0.069）	0.052（0.085）	***4.438***	0.052（0.085）	0.066（0.051）	−0.412

续表

	Pair 5			Pair 6		
	250m Coef.（S.E.）	1000m Coef.（S.E.）	*t*-diff.	250m Coef.（S.E.）	1500m Coef.（S.E.）	*t*-diff.
POPDEN	−0.072（0.108）	−0.027（0.076）	− 1.406	−0.072（0.108）	−0.003（0.012）	− 0.719
LANDMIX	−0.108（0.058）	0.177*（0.067）	***7.667***	−0.108（0.058）	−0.098（0.072）	− 0.714
TRSDEN	−0.172*（0.077）	−0.148*（0.073）	***−6.025***	−0.172*（0.077）	−0.082（0.094）	***−5.294***
DITOCENTER	0.112（0.124）	0.049（0.099）	**2.520**	0.112（0.124）	0.031（0.112）	***6.750***
POPDEN_W	−0.184*（0.068）	−0.152*（0.070）	***−16.037***	−0.184*（0.068）	−0.137*（0.064）	***−11.750***
LANDMIX_W	−0.274*（0.109）	−0.386**（0.098）	***10.182***	−0.274*（0.109）	−0.152*（0.066）	**−2.837**
TRSDEN_W	−0.125*（0.048）	−0.090（0.052）	***−8.750***	−0.125*（0.048）	−0.037（0.068）	***−4.402***
DITOCENTER_W	0.104（0.066）	0.123*（0.069）	***−6.333***	0.104（0.066）	0.052（0.085）	**2.737**

	Pair 7			Pair 8		
	250m Coef.（S.E.）	2000m Coef.（S.E.）	*t*-diff.	600m Coef.（S.E.）	1500m Coef.（S.E.）	*t*-diff.
POPDEN	−0.072（0.108）	−0.010（0.088）	***−3.100***	−0.096（0.097）	−0.003（0.012）	1.094
LANDMIX	−0.108（0.058）	−0.037（0.077）	***−3.736***	−0.230**（0.050）	−0.098（0.072）	***6.011***
TRSDEN	−0.172*（0.077）	−0.069（0.084）	***−14.714***	−0.159*（0.078）	−0.082（0.094）	***−4.813***
DITOCENTER	0.112（0.124）	0.055（0.120）	***14.250***	0.082（0.087）	0.031（0.112）	**2.040**
POPDEN_W	−0.184*（0.068）	−0.125*（0.062）	***−9.833***	−0.305**（0.055）	−0.137*（0.064）	***−18.667***
LANDMIX_W	−0.274*（0.109）	−0.130*（0.060）	***−2.938***	−0.702**（0.040）	−0.152*（0.066）	***−21.154***
TRSDEN_W	−0.125*（0.048）	−0.026（0.076）	***−3.536***	−0.220**（0.043）	−0.037（0.068）	***−7.320***
DITOCENTER_W	0.104（0.066）	0.066（0.051）	**2.533**	0.184*（0.060）	0.052（0.085）	***5.280***

续表

	Pair 9			Pair 10		
	600m Coef.（S.E.）	2000m Coef.（S.E.）	*t*-diff.	1000m Coef.（S.E.）	2000m Coef.（S.E.）	*t*-diff.
POPDEN	−0.096（0.097）	−0.010（0.088）	***−9.556***	−0.027（0.076）	−0.010（0.088）	−1.417
LANDMIX	−0.230**（0.050）	−0.037（0.077）	***−7.148***	0.177*（0.067）	−0.037（0.077）	***−14.002***
TRSDEN	−0.159*（0.078）	−0.069（0.084）	***−15.000***	−0.148*（0.073）	−0.069（0.084）	***−7.182***
DITOCENTER	0.082（0.087）	0.055（0.120）	0.818	0.049（0.099）	0.055（0.120）	−0.286
POPDEN_W	−0.305**（0.055）	−0.125*（0.062）	***−25.714***	−0.152*（0.070）	−0.125*（0.062）	***−3.375***
LANDMIX_W	−0.702**（0.040）	−0.130*（0.060）	***−28.600***	−0.386**（0.098）	−0.130*（0.060）	***−6.737***
TRSDEN_W	−0.220**（0.043）	−0.026（0.076）	***−5.879***	−0.090（0.052）	−0.026（0.076）	**−2.667**
DITOCENTER_W	0.184*（0.060）	0.066（0.051）	***13.111***	0.123*（0.069）	0.066（0.051）	***3.167***
	Pair 11			Pair 12		
	600m Coef.（S.E.）	TAZ Coef.（S.E.）	*t*-diff.	1500m Coef.（S.E.）	JIEDAO Coef.（S.E.）	*t*-diff.
POPDEN	−0.096（0.097）	−0.099（0.083）	0.214	−0.003（0.012）	−0.017（0.063）	0.274
LANDMIX	−0.230**（0.050）	−0.237**（0.042）	0.875	−0.098（0.072）	−0.049（0.063）	***−5.444***
TRSDEN	−0.159*（0.078）	−0.162*（0.071）	0.429	−0.082（0.094）	−0.090（0.121）	0.296
DITOCENTER	0.082（0.087）	0.084（0.081）	−0.333	0.031（0.112）	−0.037（0.119）	***9.714***
POPDEN_W	−0.305**（0.055）	−0.311**（0.051）	1.500	−0.137*（0.064）	−0.122*（0.057）	**−2.143**
LANDMIX_W	−0.702**（0.040）	−0.699**（0.078）	−0.079	−0.152*（0.066）	−0.260*（0.097）	***3.484***
TRSDEN_W	−0.220**（0.043）	−0.235*（0.095）	0.289	−0.037（0.068）	−0.031（0.022）	−0.130
DITOCENTER_W	0.184*（0.060）	0.203*（0.043）	−1.118	0.052（0.085）	0.075（0.081）	***−5.75***

注：加粗的系数估计量在 $P \leqslant 0.05$ 水平上显著，加粗且斜体的系数估计量在 $P \leqslant 0.01$ 水平上显著。

不同空间尺度下生活出行模型系数的 T 均值检验结果　表 5-17

	Pair1			Pair 2		
	250m Coef.（S.E.）	600m Coef.（S.E.）	*t*-diff.	600m Coef.（S.E.）	1000m Coef.（S.E.）	*t*-diff.
POPDEN	−0.245*（0.090）	−0.169*（0.073）	**5.269**	−0.169*（0.073）	−0.130（0.084）	**−3.545**
LANDMIX	−0.442**（0.090）	−0.374**（0.098）	**11.727**	−0.374**（0.098）	−0.215*（0.112）	**−11.357**
TRSDEN	−0.154*（0.078）	−0.119（0.095）	**4.588**	−0.119（0.095）	−0.082（0.087）	**−4.625**
DITOCENTER	0.821**（0.159）	0.696**（0.168）	**17.667**	0.696**（0.168）	0.304*（0.131）	**10.595**
POPDEN_M	−0.034（0.067）	−0.094（0.079）	**5.826**	−0.094（0.079）	−0.084（0.083）	**−2.222**
LANDMIX_M	−0.393**（0.098）	−0.259*（0.112）	**7.116**	−0.259*（0.112）	−0.077（0.134）	**−8.273**
TRSDEN_M	−0.018（0.029）	−0.020（0.034）	**5.800**	−0.020（0.034）	−0.024（0.045）	0.364
DITOCENTER_M	0.403**（0.153）	0.287*（0.132）	**7.286**	0.287*（0.132）	0.195*（0.088）	**2.090**
	Pair 3			Pair 4		
	1000m Coef.（S.E.）	1500m Coef.（S.E.）	*t*-diff.	1500m Coef.（S.E.）	2000m Coef.（S.E.）	*t*-diff.
POPDEN	−0.130（0.084）	−0.108（0.099）	−1.466	−0.108（0.099）	−0.116（0.098）	**−8.009**
LANDMIX	−0.215*（0.112）	−0.100（0.127）	**−7.667**	−0.100（0.127）	−0.050（0.070）	−0.877
TRSDEN	−0.082（0.087）	−0.099（0.099）	1.417	−0.099（0.099）	−0.040（0.108）	−6.556
DITOCENTER	0.304*（0.131）	0.225*（0.104）	**2.926**	0.225*（0.104）	0.109（0.170）	1.758
POPDEN_M	−0.084（0.083）	−0.041（0.087）	**−12.286**	−0.041（0.087）	−0.005（0.093）	**−6.039**
LANDMIX_M	−0.077（0.134）	−0.067（0.088）	−0.215	−0.067（0.088）	−0.082（0.089）	**8.333**
TRSDEN_M	−0.024（0.045）	−0.008（0.051）	**−2.667**	−0.008（0.051）	−0.039（0.070）	1.632
DITOCENTER_M	0.195*（0.088）	0.087（0.115）	**4.004**	0.087（0.115）	0.080（0.112）	**2.333**

续表

	Pair 5			Pair 6		
	250m Coef.（S.E.）	1000m Coef.（S.E.）	*t*-diff.	250m Coef.（S.E.）	1500m Coef.（S.E.）	*t*-diff.
POPDEN	−0.245*（0.090）	−0.130（0.084）	***−18.852***	−0.245*（0.090）	−0.108（0.099）	***−15.393***
LANDMIX	−0.442**（0.090）	−0.215*（0.112）	***−10.461***	−0.442**（0.090）	−0.100（0.127）	***−9.319***
TRSDEN	−0.154*（0.078）	−0.082（0.087）	***−8.022***	−0.154*（0.078）	−0.099（0.099）	**−2.619**
DITOCENTER	0.821**（0.159）	0.304*（0.131）	**18.464**	0.821**（0.159）	0.225*（0.104）	***10.836***
POPDEN_M	−0.034（0.067）	−0.084（0.083）	***3.125***	−0.034（0.067）	−0.041（0.087）	0.359
LANDMIX_M	−0.393**（0.098）	−0.077（0.134）	***−8.827***	−0.393**（0.098）	−0.067（0.088）	***−30.467***
TRSDEN_M	−0.018（0.029）	−0.024（0.045）	0.372	−0.018（0.029）	−0.008（0.051）	−0.454
DITOCENTER_M	0.403**（0.153）	0.195*（0.088）	***3.200***	0.403**（0.153）	0.087（0.115）	**8.315**

	Pair 7			Pair 8		
	250m Coef.（S.E.）	2000m Coef.（S.E.）	*t*-diff.	600m Coef.（S.E.）	1500m Coef.（S.E.）	*t*-diff.
POPDEN	−0.245*（0.090）	−0.116（0.098）	***−18.354***	−0.169*（0.073）	−0.108（0.099）	**−2.346**
LANDMIX	−0.442**（0.090）	−0.050（0.070）	***−19.310***	−0.374**（0.098）	−0.100（0.127）	***−9.448***
TRSDEN	−0.154*（0.078）	−0.040（0.108）	***−3.800***	−0.119（0.095）	−0.099（0.099）	***−5.000***
DITOCENTER	0.821**（0.159）	0.109（0.170）	***64.727***	0.696**（0.168）	0.225*（0.104）	**7.359**
POPDEN_M	−0.034（0.067）	−0.005（0.093）	−1.137	−0.094（0.079）	−0.041（0.087）	***−6.625***
LANDMIX_M	−0.393**（0.098）	−0.082（0.089）	***−34.944***	−0.259*（0.112）	−0.067（0.088）	***−7.836***
TRSDEN_M	−0.018（0.029）	−0.039（0.070）	0.512	−0.020（0.034）	−0.008（0.051）	−0.706
DITOCENTER_M	0.403**（0.153）	0.080（0.112）	***7.878***	0.287*（0.132）	0.087（0.115）	***11.765***

续表

	Pair 9			Pair 10		
	600m Coef.（S.E.）	2000m Coef.（S.E.）	*t*-diff.	1000m Coef.（S.E.）	2000m Coef.（S.E.）	*t*-diff.
POPDEN	−0.169*（0.073）	−0.116（0.098）	**−2.760**	−0.130（0.084）	−0.116（0.098）	**−2.142**
LANDMIX	−0.374**（0.098）	−0.050（0.070）	***−11.571***	−0.215*（0.112）	−0.050（0.070）	***−3.929***
TRSDEN	−0.119（0.095）	−0.040（0.108）	***−6.077***	−0.082（0.087）	−0.040（0.108）	**−2.002**
DITOCENTER	0.696**（0.168）	0.109（0.170）	***293.500***	0.304*（0.131）	0.109（0.170）	***5.034***
POPDEN_M	−0.094（0.079）	−0.005（0.093）	***−6.367***	−0.084（0.083）	−0.005（0.093）	***−8.316***
LANDMIX_M	−0.259*（0.112）	−0.082（0.089）	***−7.797***	−0.077（0.134）	−0.082（0.089）	0.112
TRSDEN_M	−0.020（0.034）	−0.039（0.070）	0.528	−0.024（0.045）	−0.039（0.070）	0.600
DITOCENTER_M	0.287*（0.132）	0.080（0.112）	***10.35***	0.195*（0.088）	0.080（0.112）	***4.792***
	Pair 11			Pair 12		
	600m Coef.（S.E.）	TAZ Coef.（S.E.）	*t*-diff.	1500m Coef.（S.E.）	JIEDAO Coef.（S.E.）	*t*-diff.
POPDEN	−0.169*（0.073）	−0.166*（0.080）	−0.429	−0.108（0.099）	−0.130（0.170）	0.309
LANDMIX	−0.374**（0.098）	−0.397**（0.083）	1.533	−0.100（0.127）	−0.078（0.063）	−0.344
TRSDEN	−0.119（0.095）	−0.106（0.071）	−0.542	−0.099（0.099）	−0.052（0.156）	−0.824
DITOCENTER	0.696**（0.168）	0.704**（0.150）	−0.444	0.225*（0.104）	−0.098（0.201）	***3.330***
POPDEN_M	−0.094（0.079）	−0.098（0.066）	0.320	−0.041（0.087）	−0.004（0.091）	***−9.250***
LANDMIX_M	−0.259*（0.112）	−0.251**（0.077）	−0.229	−0.067（0.088）	−0.097（0.091）	***9.090***
TRSDEN_M	−0.020（0.034）	−0.022（0.020）	0.143	−0.008（0.051）	−0.030（0.038）	1.692
DITOCENTER_M	0.287*（0.132）	0.291*（0.137）	−0.800	0.087（0.115）	0.064（0.161）	0.500

注：加粗的系数估计量在 $P \leqslant 0.05$ 水平上显著，加粗且斜体的系数估计量在 $P \leqslant 0.01$ 水平上显著。

不同空间尺度下娱乐出行模型系数的 T 均值检验结果　　表 5-18

	Pair1			Pair 2		
	250m Coef.（S.E.）	600m Coef.（S.E.）	*t*-diff.	600m Coef.（S.E.）	1000m Coef.（S.E.）	*t*-diff.
POPDEN	−0.080（0.075）	−0.133*（0.067）	***6.625***	−0.133*（0.067）	−0.153*（0.064）	***6.667***
LANDMIX	−0.089（0.070）	−0.070（0.064）	***−3.167***	−0.070（0.064）	−0.136*（0.059）	***13.205***
TRSDEN	−0.008（0.029）	−0.075（0.100）	0.943	−0.075（0.100）	−0.109（0.125）	1.360
DITOCENTER	0.087（0.144）	0.094（0.149）	−1.400	0.094（0.149）	0.042（0.086）	0.825
POPDEN_R	0.094（0.089）	0.088（0.084）	1.205	0.088（0.084）	0.130（0.082）	**−21.074**
LANDMIX_R	0.033（0.082）	0.060（0.111）	−0.931	0.060（0.111）	0.079（0.095）	−1.188
TRSDEN_R	−0.030（0.082）	−0.077（0.133）	0.922	−0.077（0.133）	−0.065（0.120）	−0.923
DITOCENTER_R	0.041（0.073）	0.057（0.087）	−1.143	0.057（0.087）	0.078（0.059）	−0.750
	Pair 3			Pair 4		
	1000m Coef.（S.E.）	1500m Coef.（S.E.）	*t*-diff.	1500m Coef.（S.E.）	2000m Coef.（S.E.）	*t*-diff.
POPDEN	−0.153*（0.064）	−0.166*（0.066）	***36.015***	−0.166*（0.066）	−0.094（0.080）	***−5.143***
LANDMIX	−0.136*（0.059）	−0.195*（0.055）	***−3.684***	−0.195*（0.055）	−0.181*（0.061）	**−2.414**
TRSDEN	−0.109（0.125）	−0.084（0.111）	***3.005***	−0.084（0.111）	−0.126（0.129）	**2.333**
DITOCENTER	0.042（0.086）	0.090（0.074）	***4.417***	0.090（0.074）	0.037（0.044）	1.767
POPDEN_R	0.130（0.082）	0.224*（0.079）	**2.414**	0.224*（0.079）	0.217*（0.080）	***7.778***
LANDMIX_R	0.079（0.095）	0.054（0.078）	−0.765	0.054（0.078）	0.067（0.086）	−1.625
TRSDEN_R	−0.065（0.120）	−0.112（0.097）	−0.435	−0.112（0.097）	−0.102（0.108）	−0.909
DITOCENTER_R	0.078（0.059）	0.104（0.055）	***18.018***	0.104（0.055）	0.032（0.057）	***36.051***

续表

	Pair 5			Pair 6		
	250m Coef.（S.E.）	1000m Coef.（S.E.）	*t*-diff.	250m Coef.（S.E.）	1500m Coef.（S.E.）	*t*-diff.
POPDEN	−0.080（0.075）	−0.153*（0.064）	***6.636***	−0.080（0.075）	−0.166*（0.066）	***9.556***
LANDMIX	−0.089（0.070）	−0.136*（0.059）	***4.273***	−0.089（0.070）	−0.195*（0.055）	***7.162***
TRSDEN	−0.008（0.029）	−0.109（0.125）	1.052	−0.008（0.029）	−0.084（0.111）	0.927
DITOCENTER	0.087（0.144）	0.042（0.086）	0.776	0.087（0.144）	0.090（0.074）	−0.043
POPDEN_R	0.094（0.089）	0.130（0.082）	***−5.143***	0.094（0.089）	0.224*（0.079）	***−13.131***
LANDMIX_R	0.033（0.082）	0.079（0.095）	***−3.538***	0.033（0.082）	0.054（0.078）	***−5.250***
TRSDEN_R	−0.030（0.082）	−0.065（0.120）	0.921	−0.030（0.082）	−0.112（0.097）	***5.467***
DITOCENTER_R	0.041（0.073）	0.078（0.059）	***−2.643***	0.041（0.073）	0.104（0.055）	***−3.500***

	Pair 7			Pair 8		
	250m Coef.（S.E.）	2000m Coef.（S.E.）	*t*-diff.	600m Coef.（S.E.）	1500m Coef.（S.E.）	*t*-diff.
POPDEN	−0.080（0.075）	−0.094（0.080）	**2.800**	−0.133*（0.067）	−0.166*（0.066）	**33.014**
LANDMIX	−0.089（0.070）	−0.181*（0.061）	***10.222***	−0.070（0.064）	−0.195*（0.055）	***14.205***
TRSDEN	−0.008（0.029）	−0.126（0.129）	1.180	−0.075（0.100）	−0.084（0.111）	0.818
DITOCENTER	0.087（0.144）	0.037（0.044）	0.503	0.094（0.149）	0.090（0.074）	0.053
POPDEN_R	0.094（0.089）	0.217*（0.080）	***−13.667***	0.088（0.084）	0.224*（0.079）	***−27.755***
LANDMIX_R	0.033（0.082）	0.067（0.086）	***−8.500***	0.060（0.111）	0.054（0.078）	0.182
TRSDEN_R	−0.030（0.082）	−0.102（0.108）	**2.769**	−0.077（0.133）	−0.112（0.097）	0.972
DITOCENTER_R	0.041（0.073）	0.032（0.057）	0.563	0.057（0.087）	0.104（0.055）	−1.469

续表

	Pair 9			Pair 10		
	600m Coef.（S.E.）	2000m Coef.（S.E.）	*t*-diff.	1000m Coef.（S.E.）	2000m Coef.（S.E.）	*t*-diff.
POPDEN	−0.133*（0.067）	−0.094（0.080）	**−3.008**	−0.153*（0.064）	−0.094（0.080）	**−3.688**
LANDMIX	−0.070（0.064）	−0.181*（0.061）	***37.015***	−0.136*（0.059）	−0.181*（0.061）	***22.503***
TRSDEN	−0.075（0.100）	−0.126（0.129）	1.759	−0.109（0.125）	−0.126（0.129）	**4.250**
DITOCENTER	0.094（0.149）	0.037（0.044）	0.543	0.042（0.086）	0.037（0.044）	0.119
POPDEN_R	0.088（0.084）	0.217*（0.080）	***−32.250***	0.130（0.082）	0.217*（0.080）	***−43.500***
LANDMIX_R	0.060（0.111）	0.067（0.086）	−0.280	0.079（0.095）	0.067（0.086）	1.333
TRSDEN_R	−0.077（0.133）	−0.102（0.108）	1.002	−0.065（0.120）	−0.102（0.108）	***3.083***
DITOCENTER_R	0.057（0.087）	0.032（0.057）	0.833	0.078（0.059）	0.032（0.057）	***23.030***

	Pair 11			Pair 12		
	600m Coef.（S.E.）	TAZ Coef.（S.E.）	*t*-diff.	1500m Coef.（S.E.）	JIEDAO Coef.（S.E.）	*t*-diff.
POPDEN	−0.133*（0.067）	−0.147*（0.049）	0.778	−0.166*（0.066）	−0.150*（0.060）	**−2.667**
LANDMIX	−0.070（0.064）	−0.094（0.049）	1.600	−0.195*（0.055）	−0.180*（0.055）	***−75.041***
TRSDEN	−0.075（0.100）	−0.098（0.058）	0.548	−0.084（0.111）	−0.004（0.032）	−1.013
DITOCENTER	0.094（0.149）	0.083（0.127）	0.508	0.090（0.074）	0.069（0.098）	0.875
POPDEN_R	0.088（0.084）	0.095（0.079）	−1.402	0.224*（0.079）	0.197（0.077）	***12.858***
LANDMIX_R	0.060（0.111）	0.062（0.088）	−0.0870	0.054（0.078）	0.041（0.097）	0.684
TRSDEN_R	−0.077（0.133）	−0.058（0.099）	−0.559	−0.112（0.097）	−0.094（0.115）	−1.000
DITOCENTER_R	0.057（0.087）	0.077（0.067）	−1.006	0.104（0.055）	0.049（0.030）	**2.208**

注：加粗的系数估计量在 $P \leqslant 0.05$ 水平上显著，加粗且斜体的系数估计量在 $P \leqslant 0.01$ 水平上显著。

不同出行目的的建成环境"最优尺度" 表 5-19

出行目的	"最优尺度"	加入建成环境变量带来的拟合优度提升	"最优"模型中的显著变量	主要显著变量与因变量的关系方向
出行方式模型				人口密度 / 土地利用混合度与小汽车出行方式的关系方向
工作出行链	TAZ/600m	0.310/0.309	POPDEN，LANDMIX，POPDEN_W，LANDMIX_W，TRSDEN_W，DITOCENTER_W	负向（−）
生活出行链	250m	0.177	POPDEN，LANDMIX，TRANSDEN，DITOCENTER，LANDMIX_M	负向（−）
娱乐出行链	1500m	0.079	POPDEN，LANDMIX，POPDEN_R	负向（−）
出行链复杂度模型				人口密度 / 土地利用混合度与出行链复杂度的关系方向
工作出行链	TAZ/600m	0.146/0.141	LANDMIX，POPDEN_W，LANDMIX_W，TRSDEN_W，DITOCENTER_W	正向（+）
生活出行链	250m	0.058	POPDEN，LANDMIX，TRSDEN，TRSDEN_M	负向（−）
娱乐出行链	1500m	0.019	POPDEN，LANDMIX	负向（−）

第 6 章　出行态度、建成环境与居民出行行为的因果机制

出行态度是建成环境和出行行为关系的重要调节变量，本章进一步探索出行态度、建成环境和出行行为三者间的相互作用和因果机制。基于“居住自选择”和“认知失调”两个基础理论，构建刻画三者关系和动态演变过程的交叉滞后面板模型与潜类别概率转换模型，并结合荷兰家庭出行调查数据（面板数据）进行实证研究。

6.1　理论框架

6.1.1　出行态度：“建成环境—出行行为”关系的调节变量

近年来，在研究建成环境与出行行为过程中，出行者心理（出行态度）开始受到重视。出行态度要素成为调节“建成环境—出行行为”关系的重要变量。本书所指“出行态度”，即出行者对交通出行方式的态度与偏好，也包含出行者对环境保护、公众健康等的意识。

首先，个体会结合自身对出行方式的偏好来选择其居住地，如偏好公共交通出行的个体倾向于选择公共交通设施方便的社区居住，偏好小汽车出行的个体会选择停车设施便利的社区居住；另外，居住地的建成环境特征也会对居民的出行偏好产生影响，居民会调适自己的出行行为，使其匹配建成环境特征，如居住在公共交通设施便利地段且偏好小汽车出行方式的居民，随着时间的推移，可能转而偏好并实际选择公共交通出行方式。

其次，出行态度也会独立于建成环境而直接对出行行为产生作用。研究发现，具有相似居住建成环境以及经济社会属性的居民个体，其出行行

为仍有可能大相径庭（Van Acker et al.，2010）。这是由于出行个体心理因素差异化所致。

当前多数有关建成环境与出行行为关系的实证研究并未考虑出行态度的影响。一些学者认为，感知、态度和偏好等心理变量难以度量，因此很难在实证研究中加以考虑（例如，Golledge et al，1997；Gärling et al.，1998）；另一些学者则持相反观点（例如，Van Acker et al，2010）。事实上，出行态度对建成环境与出行行为的影响不容忽视，将出行态度变量引入建成环境与出行行为分析框架和建模过程，对解析建成环境与出行行为因果机制、识别建成环境对出行行为的真实影响至关重要，也是出台有效交通出行与建成环境规划政策的前提。

6.1.2 理解“建成环境—出行行为”因果机制的两个心理学效应

建成环境与出行态度之间存在深刻互动关系。一方面，人们会基于自身对某种出行方式的态度/偏好来选择居住社区类型，即著名的“居住自选择效应”（出行态度→建成环境）；另一方面，人们也可能根据周边建成环境调整其出行态度，即“出行态度自适应调节效应”（建成环境→出行态度）。两类效应的强度大小，决定建成环境和出行态度在影响出行态度中的相对重要性。研究两类效应的发生条件及其与出行行为的关系，对识别建成环境、出行态度和出行行为三者因果机制具有重要意义。

（1）居住自选择效应（residential self-selection，RSS）

“居住自选择”效应，反映出行者态度（心理）对居住建成环境的决定作用。“居住自选择”，即人们会基于自身对出行方式的态度来选择居住社区类型。例如，偏好小汽车出行的居民倾向于选择在郊区低密度社区居住，偏好绿色出行的居民倾向于选择高密度、公共交通设施完善的“步行友好”或“公交友好”社区（Ewing et al.，2010；曹新宇，2015；Stevens，2017）。直观地，如果“居住自选择”效应存在，则实际观测到的建成环境对出行行为的影响，可能有一定比例来自于“居住自选择”，从而削弱建成环境对出行行为的真实效应。Cao 等（2009）提出并归纳了七种控制“居住自选择”的方法，包括直接询问法、工具变量法、联合选择模型、结构方程等。此后有关“居住自选择”的研究开始大规模展开。

尽管“居住自选择”对于理解建成环境与出行行为关系的重要性已得到学术界的普遍认可，但正如 Ewing 和 Cervero（2010）以及 Van de Coevering（2018）所言，当前有关“居住自选择”效应的研究结论远未达成一致。一些学者通过研究发现建成环境对出行行为的作用大于居住自选择，如 Bhat 和 Eluru（2009）发现大约 87% 的小汽车出行源于建成环境，而仅 13% 源于“居住自选择”; Cao（2010）在研究步行行为时发现，超过一半的效应来源于社区建成环境。一些学者则持相反观点，如 Bagley 和 Mokhtarian（2002）、Lund（2003）等发现“居住自选择”效应对居民步行行为的影响大于社区建成环境，Moudon 等（2005）在华盛顿州金县的一项有关骑行行为与社区建成环境的研究中发现，控制“居住自选择”效应后，居民的骑行行为与社区建成环境仅存在微弱联系。还有一些研究则认为二者对出行行为的影响程度相当（例如，Mokhtarian et al.，2016）。

反观当前研究可以发现它们普遍建立在以下假设之上：个体在选择居住地时拥有充分的自主权，交通出行偏好是个体选择居住地的核心因素。然而现实往往无法满足上述假设，首先，即便是在住房高度市场化的欧美国家，由于可支付性以及有限的住房供给，相当比例的居民无法入住他们偏好的社区（Næss，2005; Lin et al.，2017）; 此外，出行态度仅是影响居民选择居住地诸多因素中的一个，除出行态度外，尚有其他诸如安全性、周边配套设施等其他因素，这也导致即便存在“自选择”仍有相当比例的居民并未选择与其出行态度相匹配的居住社区。不同的研究对象，统一的研究假设，可能是产生矛盾研究结论的原因所在（Van de Coevering，2018）。未来研究需要综合“居住自选择自由度”以及“出行态度在居住选址中的权重”等对样本进行细分，分别检验居住自选择（出行态度）、建成环境对绿色出行的作用强度，以期获得分层次、系统性的研究结论。

（2）出行态度自适应调节效应

“出行态度自适应调节效应”，反映建成环境对出行者态度（心理）的反作用。“居住自选择”问题得到了广泛关注，而其反向效应“出行态度自适应调节效应”则通常被忽略。根据“认知失衡理论”（the theory of cognitive dissonance）（Festinger，1957；Kamruzzaman et al.，2016；Lin et al.，2017），认知和环境之间如果出现不匹配，个体内心会产生压力，并促使个体去改变环境或调节认知来降低内心压力；在改变环境和调节认知之间，个体会根据二者的广义成本综合权衡。将“认知失衡理论”引入建成环境、出行态度与出行行为领域，当出行偏好与建成环境不匹配时，个体要么通过“居住自选择”选择与出行偏好相匹配的居住环境，要么通过调节出行态度与现有建成环境尽量匹配（例如，居住在地铁站附近的小汽车偏好者会逐渐形成对公共交通出行的偏好）。在高速城市化背景下的中国大城市，建成环境建设速度快、变化大，而且房价居高不下（Zhao et al.，2018），这在很大程度上限制了居民根据出行偏好选择匹配居住环境的可能，而是更倾向于根据建成环境调节出行偏好。综合考虑“居住自选择”和“出行态度自适应调节”，对于深入揭示建成环境、出行态度和绿色出行行为之间的关联机制具有重要意义（尤其在高速城市化背景下的中国大城市）。

需要指出的是，在“居住自选择效应”和“出行态度自适应调节效应”的发生过程中，出行态度与建成环境的双向作用可能存在滞后，即当期的出行态度对下一期的建成环境产生作用，当期的建成环境对下一期的出行态度产生作用。以往基于同一时点的截面数据研究（Stevens，2017）无法揭示二者的交叉滞后关联，忽视这种滞后性会带来研究结论的偏误。

6.1.3 建成环境、出行态度和出行行为的因果机制理论框架

建成环境与出行态度之间存在深刻互动关系，识别建成环境、出行态度和出行行为三者的因果次序和演变规律，厘清建成环境和出行态度在影响交通出行中的相对重要性与发生条件，是从根源上揭示交通出行行为发生机理的关键，也是制定有效交通政策和规划政策的前提。本章试图从单时点、多时点等维度，构建建成环境、出行态度和出行行为因果关系的理论分析框架，为解析三者因果机制提供理论支撑。

（1）建成环境、出行态度与出行行为的静态因果结构（单时点分析）

出行态度和建成环境的双向互动作用分别构成“居住自选择效应”和“出行态度自适应调节效应”。根据两类效应的相对显著性，提出三类刻画建成环

境、出行态度和出行行为因果关系的概念模型结构，如图 6-1 所示。

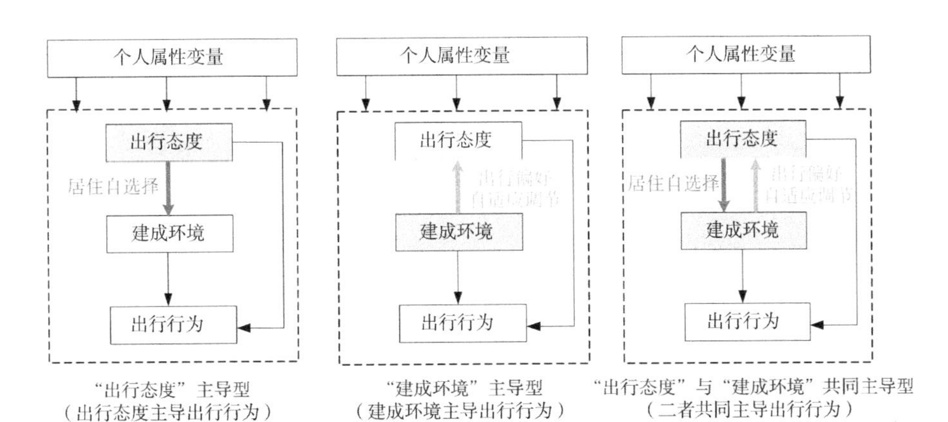

图 6-1　建成环境、出行态度与出行行为的因果关系概念模型（单时点）

①出行态度主导型："居住自选择效应"显著，"出行态度自适应调节效应"不显著；出行态度直接影响出行行为，并通过建成环境（居住自选择）间接影响出行行为；建成环境对出行行为的"净"影响微弱。

②建成环境主导型："出行态度自适应调节效应"显著，"居住自选择效应"不显著；建成环境直接影响出行行为，并通过影响出行态度（出行态度自适应调节）间接影响出行行为；出行态度对出行行为的"净"影响微弱。

③出行态度和建成环境共同主导型："居住自选择效应"和"出行态度自适应调节效应"均显著，建成环境和出行态度对出行行为均具有显著影响。

根据"居住自选择自由度"、出行态度在居住选址中的重要性、居住社区类型（如商品房、单位公房、政策性住房等）等多维度细分样本，构建结构方程模型检验不同样本组对三类概念模型结构的拟合程度，识别出行态度或建成环境主导出行行为的发生条件，量化各因素之间的关系强度。

（2）建成环境、出行态度与绿色出行的动态因果次序（多时点分析）

建成环境与出行态度之间的互动作用在现实中可能存在滞后，即当期的建成环境受前一期出行态度的影响，当期的出行态度受前一期建成环境的影响。类似地，提出刻画建成环境、出行态度与出行行为动态因果次序的三类概念模型结构，即“出行态度”主导型、“建成环境”主导型以及“出行态度”和“建成环境”共同主导型，每类模型结构均包含两个时点的变量，如图 6-2 所示。利用“两阶段交叉滞后面板模型”技术（two-wave cross-lagged panel model，CLPM），检验不同样本组契合的动态因果次序结构，识别出建成环境、出行态度与绿色出行当期之间、当期与前一期之间的作用方向与强度、深度揭示三者之间的动态因果关系。

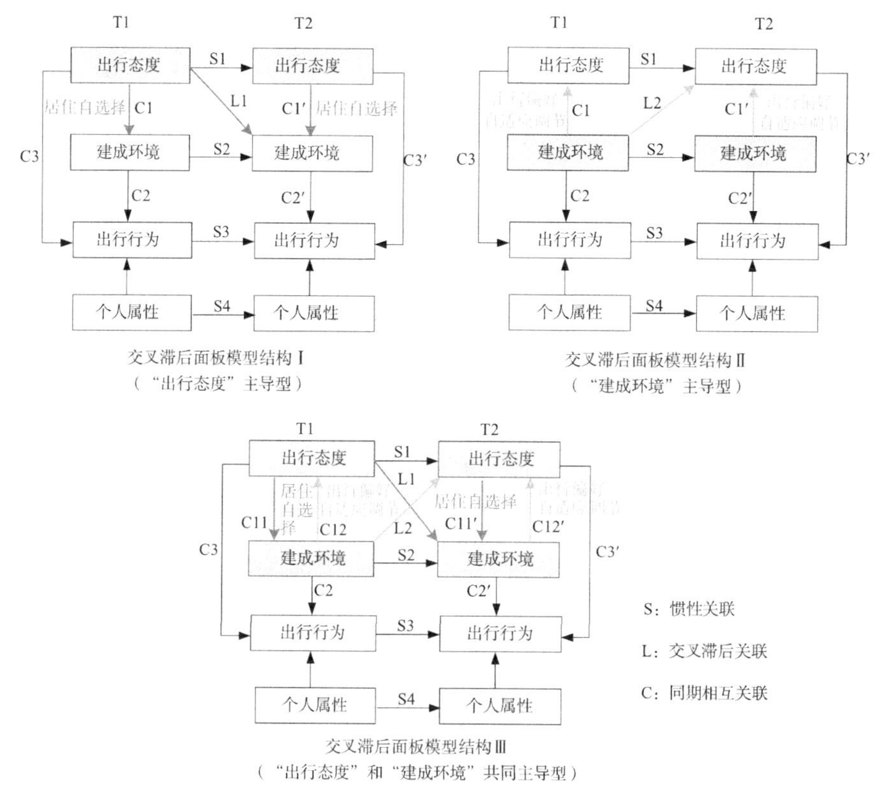

图 6-2　建成环境、出行态度、出行行为的因果次序概念模型（两时点）

（3）基于个体的出行态度、居住建成环境和出行行为的演变过程分析

在识别出行态度、建成环境与出行行为因果次序结构的基础上，构建基于个体的潜类别转换概率模型（latent class transit model，LCTM）（图 6-3），

以明确不同个体的出行态度、建成环境和出行行为随时间推移的演变过程。潜类别概率转换模型同时估计两个子模型，子模型 1 根据出行态度、建成环境和出行行为取值组合将每个个体以概率形式分别划入不同的“潜类别”（latent class），这些“潜类别”刻画了出行态度、建成环境和出行行为之间可能的组合结构；子模型 2 估计时点 T1 至时点 T2“潜类别”之间的转换概率，据此清晰描绘出不同“潜类别”中的个体如何随时间调整其出行态度、建成环境（居住或活动地点选址）与出行行为。

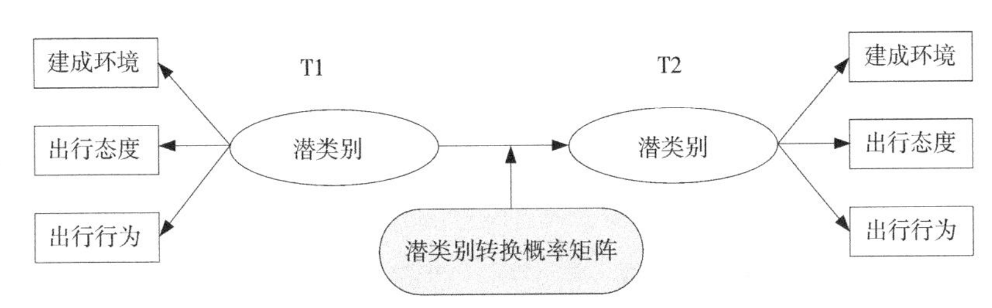

图 6-3　个体层面建成环境、出行态度与出行行为的“潜类别”转换概率模型结构图

6.2　出行态度与出行行为的互动机制

6.2.1　出行态度与出行行为的双向关系

如前所述，多数研究认为出行态度影响出行行为，另外，出行行为对出行态度的反作用也可能存在（Ajzen，2015）。显然，识别二者的互动机制对于出行研究以及政策制定具有重要意义。如果出行态度对出行行为的影响占主导，那么旨在改变出行者态度的营销策略和“信息战”则能够有效改变居民出行行为；反之，如果出行行为对出行态度的影响占主导，则需要出台能够直接促进出行行为改变的交通政策，如提高小汽车出行成本等。

（1）出行态度影响出行行为

与“态度—行为”关系相关的研究大致可以分为三代研究（Fazio，1990）。最初的研究主要探讨出行态度是否影响出行行为，一些研究发现态度和行为之间的相关性极低（LaPiere，1934；Blumer，1955；Wicker，1969）。然而，另外一些研究却发现了二者之间较为密切的相关性（Goodmonson et al.，1971；

Schuman et al.，1976；Seligman et al.，1979），这让学者们对态度的作用产生了乐观的看法，并建议展开对“什么时候（在什么情况下）态度能预测行为”这个问题的研究（Fazio，1990）。

该“第二代”问题启发了研究人员去识别和评估影响“态度、行为一致性”的各种调节因素。例如，态度的内部一致性（Norman，1975）、态度的时间稳定性（Schwartz，1978）和态度的确定性（Fazio et al.，1978）等都被证明是影响“态度、行为一致性”的重要因素。Rosenberg et al.（1960）认为态度是多维的，包括认知、情感和意动（行为）部分，单一的态度指标不客观，因此不能用来预测行为。这些研究旨在探讨态度与行为保持一致性的条件，但该领域研究似乎陷入了困境。每一项新的研究似乎都确定了一个新的“其他”调节因素（Liska，1984），但仍然缺乏具有普适性的理论基础。这促使研究人员去思考最根本，也可能是最相关的问题，即态度是如何引导行为的？Fazio（1990）将该问题确定为“第三代”问题。

之后出现了大量“态度—行为”模型，一定程度上填补了理论空白（Liska，1984）。“理性行动理论”（the theory of reasoned action，TRA）（Fishbein et al.，1977）是其中最为成功的模型之一。该理论认为，人们对某种行为的积极或消极后果的认知，导致了对该行为的正面或负面的态度，产生“行为意向”，并最终产生该行为。此外，“理性行动理论”还认为，除态度因素外，主观规范也影响个体的行为意向。主观规范反映了个体对执行行为的社会压力水平的信念。

“理性行动理论”整合了文献中关于“态度、行为一致性”的几个概念，即态度是多维的，以及基于行为的态度（而非广义的态度概念）是预测行为的最佳因子等概念。因此，“理性行动理论”回答了为什么广义的态度与行为相关性较弱，同时它为“为什么态度会影响行为（而非相反）”提供了一个明确的因果机制，即人们有意识地追求符合自己愿望的行为。此外，“理性行动理论”为纳入“其他变量”留下了空间，如此也为其他研究人员改进模型留下了空间。

尽管“理性行动理论”及其派生物“计划行为理论”（Ajzen，1991）并没有明确消除“到底有哪些因素影响行为”的争论，但它们明确指出了态度和行为之间的因果关系，即态度影响行为，而非行为影响态度。

（2）行为对态度的反作用：认知失调理论

与“态度影响行为”观点相反的一个理论是“认知失调理论”（Festinger，1957）。该理论认为，认知之间或认知和行为之间的失调将产生心理紧张和压力，因而促使人们采取措施以减少失调。减少失调的策略有多种：直接改变行为（“我戒烟了”），或者改变认知（“吸烟对健康没那么有害”）或增加新的认知（“如果我戒烟，我会发胖，这同样不健康”）。该理论还假设，减少失调的不同策略，其发生概率不存在显著差异。因此，基于该理论，行为对态度的影响与态度对行为的影响的可能性相同。

之后，“认知失调理论”在数百个实验中得到检验（Aronson，1992）。基于“认知失调理论”，研究者提出了一系列“微型理论”（Aronson，1992），如自我肯定理论（Steele，1988）、自我评价维护理论（Tesser，1988）、自我差异理论（Higgins，1989）、自我调节理论（Scheier et al.，1988）和平行约束满足理论（Kunda et al.，1996）等。总之，认知失调理论及其后来的变体确认了行为对态度的反作用，并继续激发大量实证和理论研究（Dalege et al.，2016）。

6.2.2　出行态度和出行行为关系的交叉滞后面板模型

以下参考 Kroesen 等（2017）的研究和 6.1 节理论分析，建构“态度—行为”关系的理论框架，以识别二者的因果关系与发生条件。

首先，利用面板数据和结构方程模型，检验出行行为（方式选择）和出行态度之间的因果关系方向，即构建一个“双时点交叉滞后面板数据模型”（CLPM）（Finkel，1995），如图 6-4 所示。其次，通过对“认知失调理论”的检验，完成“态度—行为”关系的动态模拟，即构建一个“双时点潜在类别演化模型”（LTM），如图 6-5 所示。

在 CLPM 中，利用较早时间点（T1）的出行方式与出行态度，去预测第二个时点（T2）的出行方式。模型参数 S1 和 S2 表示稳定性系数，L1 和 L2 表示两个变量之间的时间（交叉）滞后影响。相关性 C1 和 C2 用来刻画控制了稳定关联（S1 和 S2）和滞后关联（L1 和 L2）之后仍存在的关联。最后，参数 L1 和 L2 的显著性和强度表明主要因果关系方向是“从出行态度到出行

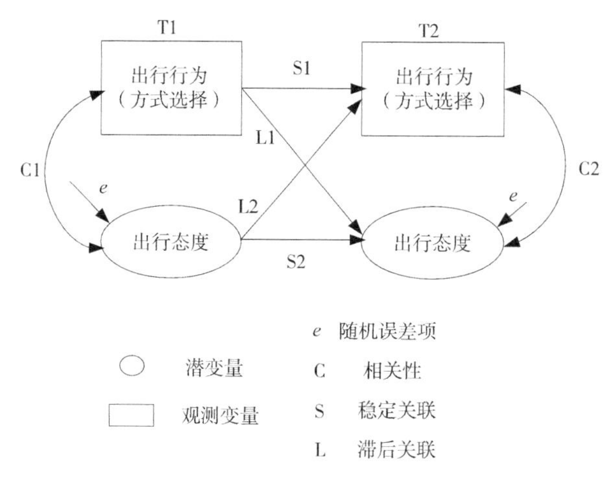

图 6-4 双时点交叉滞后面板数据模型（CLPM）

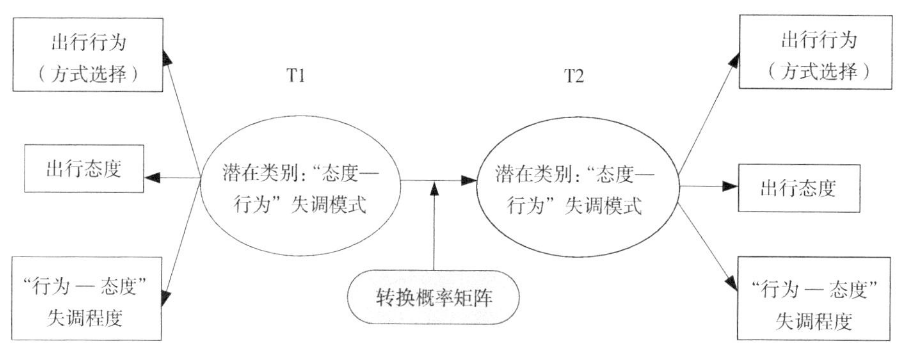

图 6-5 双时点"潜在类别"转换概率模型

行为"还是"从出行行为到出行态度"，或两个方向的关系均显著（Finkel，1995）。在 CLPM 中，出行态度被定义为一个潜变量，由多个测量指标衡量。模型中的主要关系（S1、S2、L1 和 L2）是在控制外生变量的基础上进行估计的，因此两个时点的行为和态度变量均为内生变量。CLPM 能够有效检验两个变量之间因果关系的方向，但并不适合检验"认知失调理论"。CLPM 是一个变量导向的模型，因此无法有效测量态度和行为之间的失调程度。LTM 是以个体为中心的模型，则能够有效解决这一缺陷（Collins et al.，2013）。

在 LTM 中，假设在每个时点（T1 和 T2）均存在一组相同的“潜在类别”（latent classes），每个类别都是三个指标（即态度、行为和二者的失调程度）的不同取值组合。换言之，这些“潜在类别”即代表不同的“态度—行为—失调”模式，样本中的每个个体均以概率分配给每个类别。因此，理论上而言，可以运用多项 Logit 模型形式对各“潜在类别”在时点 T1 和时点 T2 上的演变进行建模估计。估计出的模型参数可用于计算一个转换概率矩阵，该矩阵反映 T1 的某个类别在 T2 转换为其他类别的概率。与 CLPM 类似，该模型仍然定义一组外生变量用来反映每个个体在每个时点从属于某个类别的概率。

关于转换概率的计算，LTM 运用了“认知失调理论”的主要假设，即处于相对“和谐”类别（态度与实际出行一致）的样本相对稳定，因此更可能保持原有类别不变；处于相对“不和谐”类别的样本更倾向于改变模式，并以一个较高概率转向较为“和谐”类别。此外，LTM 还能够检验“失调”类别不同的样本如何随时间达到相对一致性。例如，“失调”类别的不同可能导致态度和行为的调整方式不同。一般而言，LTM 能够检验态度和行为的一致性（或不一致性）随时间演变的各种过程。

6.2.3 模型估计与分析

为估计图 6-4、图 6-5 所示概念模型，以下采用荷兰开展的一项家庭调查数据（Kroesen et al.，2017）进行模型估计与分析。

（1）数据说明与描述性分析

模型估计运用来自于荷兰的家庭出行调查，调查对象由约 8000 人组成，每月完成一次线上问卷调查，提交完整问卷信息的受访者可获得一定经济补贴。所有数据可通过网站 http：//www.lissdata.nl 免费获取。

2013 年 7 月作为第一个时间点，共 2980 人参与调查，其中 2380 人做出有效回应，回应率 79.9%。第二个时间点是一年后的 2014 年 7 月，1588 名受访者再次受邀参与调查，其中 1376 人做出有效回应，回应率 86.7%。后续分析基于完成两个时点有效回应的 1376 人。样本属性变量的统计分布与荷兰中央统计局提供的全样本分布接近，因此具有代表意义。

为测量受访者的出行行为，使用以下开放式问题：“在一周中，您采用以下出行方式大约出行多少公里？”研究使用三种出行方式，即小汽车、自行车和公共交通（包括公共汽车、电车、地铁或火车）。

可以发现，一周出行距离的统计分布呈高度右偏，且包含多个极端异常值。由于统计分布严重偏离正态分布，为避免在结构方程模型中产生问题，本节拟按照 5 级量表将出行行为变量重新编码。表 6-1 列出了这些顺序变量在两个时点的分布情况。可以看出，小汽车和自行车的使用较为普遍，大约 80% 的样本在某种程度上使用这些模式。另外，公共交通的使用不那么普遍，仅 23% 的样本选择公共交通出行。

根据 Fishbein 和 AJzen（1977）的建议，本节采用“对行为的态度”作为行为的预测因素，因此需要测量受访者对小汽车、自行车和公共交通的态度。为提高态度测量的可靠性，使用综合量表进行测量。对于每种方式，综合量表均由以下六项组成：①【开车 / 骑车 / 使用公共交通】简单；②【开车 / 骑车 / 使用公共交通】让人放松；③【开车 / 骑车 / 使用公共交通】有趣；④【开车 / 骑车 / 使用公共交通】健康；⑤【开车 / 骑车 / 使用公共交通】安全；⑥【开车 / 骑车 / 使用公共交通】环境友好。利用李克特 5 级量表，按照 1=“完全不同意”到 5=“完全同意”来测量每个题项。通过汇总属于每个出行方式的题项得分，得出样本对每个出行方式的态度得分，得分范围在 6 ~ 30。验证性因子分析显示，量表的内部一致性良好，三种方式态度测量的内部一致性指标（Conbach’s Alpha）均大于 0.8。表 6-1 和表 6-2 分别列出了模型内生和外生变量的描述性统计量。

内生变量的描述性统计分析（*N*=1376） **表 6-1**

	小汽车			自行车			公共交通		
	标签	时点 1	时点 2	标签	时点 1	时点 2	标签	时点 1	时点 2
方式使用									
每周出行公里数（%）	0	21	21	0	19	19	0	77	77
	1 ~ 20	16	17	1 ~ 10	29	28	1 ~ 20	9	10
	21 ~ 50	15	15	11 ~ 20	15	16	21 ~ 50	4	5
	51 ~ 200	27	29	21 ~ 40	16	17	51 ~ 200	6	6
	>200	21	19	>40	21	20	>200	4	3

续表

	小汽车			自行车			公共交通		
	标签	时点 1	时点 2	标签	时点 1	时点 2	标签	时点 1	时点 2
对出行方式的态度									
均值 Mean		19.1	19.0		25.9	25.7		17.9	18.1
标准差 S.D.		4.4	4.2		4.2	4.1		5.2	5.1
Conbach's Alpha		0.823	0.810		0.879	0.870		0.853	0.848
5 级量表得分（%）	--	3	3	--	1	1	--	9	7
	-	15	16	-	1	2	-	20	21
	0	44	44	0	7	7	0	40	42
	+	31	33	+	31	32	+	24	23
	++	7	5	++	60	58	++	6	7
失调程度									
5 级量表得分（%）	0	25	23	0	22	21	0	14	12
	1	43	44	1	24	27	1	28	31
	2	25	26	2	24	24	2	36	38
	3	6	6	3	23	21	3	18	16
	4	1	1	4	7	7	4	4	3

外生变量的描述性统计分析（*N*=1376）　　**表 6-2**

变量	类别	取值
性别（%）	女性	53
	男性	47
年龄	均值（标准差）	52.1（16.8）
主要职业（%）	在职	50
	学生	7
	家庭主妇	9
	领取养老金者	23
	其他	11
受教育水平（%）	低	33
	中	35
	高	32

续表

变量	类别	取值
个人净月收入（%）	无收入	9
	1 ~ 1000 欧元	24
	1001 ~ 2000 欧元	42
	2001 ~ 3000 欧元	19
	>3001 欧元	6

表 6-1 显示了两个时点下的态度综合得分的描述性统计分析。数据表明，总体而言，受访者对小汽车和公共交通的态度一般，平均得分均在 18 分（量表分值中心点）左右。受访者对自行车的态度普遍较为正面，两个时点上的得分均在 25 分以上。

在 CLPM 中，需要将“态度”定义为“潜变量”，“潜变量”的综合得分可以直接用于模型估计。对于 LTM，需要测量态度和行为的“失调程度”。为计算“失调程度”，首先，将态度得分按照 5 级量表重新编码，具体方法是将态度得分除以对应题项数（6）并四舍五入取整；然后，将表示行为的 5 级量表得分和表示态度的 5 级量表得分相减，产生一个取值范围在 0 ~ 4 分的“失调”变量。这样将产生三个分别表示行为、态度和失调程度的有序变量，用来估计潜在类别转换模型。从表 6-1 可以看出，“失调”程度最高的是自行车出行方式，其次是公共交通，失调程度最低的是小汽车出行方式。

为控制混杂变量对态度和行为的可能影响，在 CLPM 和 LTM 中纳入五个外生控制变量，包括性别、年龄、教育水平、主要职业和个人净月收入。因控制变量随时间变化的幅度极小，为简单起见，以下分析不考虑控制变量的变化。

（2）模型估计结果

①交叉滞后面板模型（CLPM）估计结果。

对每种出行方式，均估计单独的 CLPM。如前所述，描述方式使用的变量为有序变量，因此采用有序 Probit 回归对其进行建模。五个控制变量作为外生变量，并假定其对任一个内生变量均有影响。为保持最终模型的简洁性，将所有非显著的影响均设定为零。最后，由于存在内生次序变量，使用加权最小二乘法对模型进行估计。CLPM 使用 Mplus7.2 版本估计（Muthén et al.，2005）。

图 6-6 显示了小汽车、自行车和公共交通三种出行方式的交叉滞后面板模型估计结果，卡方检验表明，三个模型的拟合度均为良好（Bollen，2014）。稳定性系数（S1 和 S2）表明，对于任一种方式，无论是行为还是态度，均表现出随时间稳定的态势，标准化估计系数均大于 0.55。一个有意思的发现是，行为随时间的稳定性普遍大于态度随时间的稳定性。

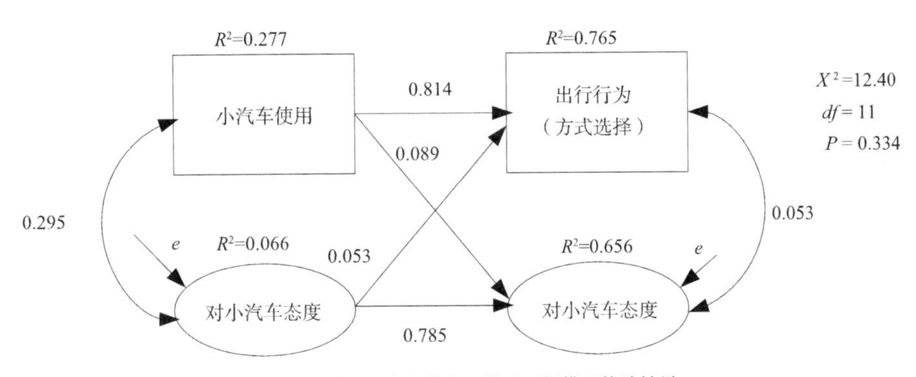

（a）小汽车出行方式的交叉滞后面板模型估计结果

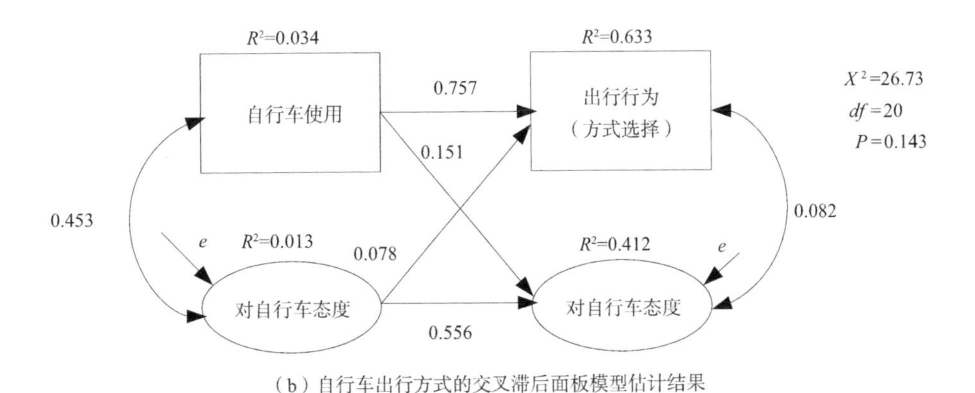

（b）自行车出行方式的交叉滞后面板模型估计结果

图 6-6　小汽车、自行车和公共交通三种出行方式的交叉滞后面板模型估计结果（一）

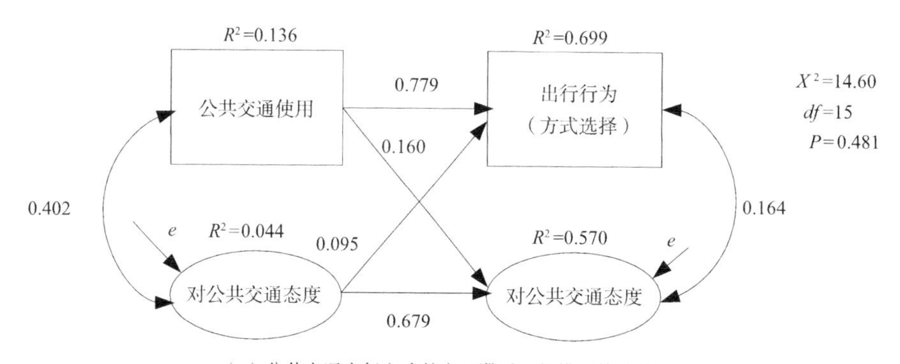

（c）公共交通出行方式的交叉滞后面板模型估计结果

图 6–6　小汽车、自行车和公共交通三种出行方式的交叉滞后面板模型估计结果（二）

（注：所有标准化估计量均在 P<0.05 水平上显著）

在交叉滞后效应上，与预期一致，行为和态度随着时间的推移呈现出明显的双向作用。与预期不同的是，对于所有三种出行方式，“行为→态度”的影响均强于“态度→行为”的影响。对于小汽车和公共交通出行方式，“行为→态度”的作用比“态度→行为”的影响高约 67.9%（$=\frac{0.089-0.053}{0.053}\times 100\%$）和 68.4%（$=\frac{0.160-0.095}{0.095}\times 100\%$）；对于自行车出行方式，“行为→态度”的作用比“态度→行为”的影响高约 93.6%（$=\frac{0.151-0.078}{0.078}\times 100\%$）。这一结果表明，出行行为对出行态度的反作用不容忽视。

在变量相关性上，对于每种出行方式，方式选择和态度之间的初始相关性均较显著（相关系数在 0.3 至 0.4 之间）。在第二个时点上的相关性稍弱，表明该模型可在很大程度上解释行为和方式随时间的同时变化。

表 6-3 列出了 5 个外生变量对 4 个内生变量的影响。总体而言，估计结果符合预期。例如，男性、中年、高收入等对小汽车使用有正向作用。需要注意的是，外生变量对时点 1 上的大部分内生变量影响显著，但仅对时点 2 上的个别内生变量有影响，这表明外生控制变量在出行行为和出行态度随时间变化上的解释力较弱。

②潜在类别转换概率模型（LTM）估计结果。

与 CLPM 类似，对每种方式均估计一个独立的 LTM。由于潜在类别的观测变量为有序变量，因此使用有序 Logit 模型估计每个时点上潜在类别变量与观测变量的关系。潜在类别变量本身即为多分类变量，因此使用多项 Logit 模型来描述外生变量对潜在类别变量的影响，以及潜在类别变量之间随时间的关联。为确定潜在类别的最优数量，估计并比较具有 1 ~ 7 个类别的模型。对于小汽车和自行车模型，潜在类别多于 4 类之后，模型的对数似然值不再显著增加；对于公共交通模型，潜在类别增加到 5 类，仍会带来模型拟合优度的提高。最终，对于小汽车和自行车，采用包含 4 个潜在类别的模型，对于公共交通采用包含 5 个潜在类别的模型。模型估计采用软件包 Latent Gold5.0（Vermunt et al.，2013）。

表 6-4 列出了小汽车、自行车和公共交通三种方式的潜在类别转换模型（LTM）。模型估计三类概率：样本所属类别概率（class membership probabilities），反映每个类别的样本量大小；条件响应概率（conditional response probabilities），反映每个类别成员对三个观测变量的响应概率；转换概率（transition probabilities），反映某个类别在时点 2 转换为其他类别的概率。

小汽车的模型估计结果表明，类别 1 的样本量最大，约占总样本量的 44%，该类别样本的小汽车使用率较高且对小汽车持正面态度；类别 2 也属于“和谐”模式，约占 24%，该类别较少使用小汽车，对小汽车的态度也是负面的。类别 3 和类别 4 属于“非和谐”模式（或称“失调”模式），其中类别 3（约占 19%）小汽车使用少但对小汽车持正面态度，类别 4（约占 13%）小汽车使用较多但对小汽车持负面态度。

类别转换概率的估计值符合预期，“和谐”类（类别 1 和类别 2）比“失调”类更加稳定。此外，与 CLPM 结果一致，但与模型开发和政策设计的常规假设相反，各类别主要是通过调整态度，而非调整行为，来解决态度和行为之间的“失调”问题。类别 3（即较少使用小汽车但对小汽车持正面态度）倾向于转变为类别 2（较少使用小汽车，对小汽车持负面态度），类别 4（使用小汽车较多但对小汽车持负面态度）倾向于转变为类别 1（使用小汽车较多，对小汽车持正面态度）。此外还发现，“和谐”模式下的类别也会调整态度，并转变为某种“失调”模式，但这种转变倾向稍弱。

自行车的模型估计结果表明，类别 1 的样本量最大，约占 37%，该类别的样本自行车使用率高且持正面态度，使用率低且持负面态度的类别 4 样本量相对较少，仅占 7%。类别 2 和类别 3 代表“失调”模式，二者对自行车均持正面态度但使用率低；与小汽车模型不同，不存在使用率高但持负面态度的“失调”模式。

转换概率估计结果再次表明，“和谐”模式（类别 1 和类别 4）比“失调”模式（类别 2 和类别 3）相对更稳定。意外的发现是，“失调”程度最高的类别 2 似乎比“失调”程度稍低的类别 3 更稳定。此外，与小汽车模型结果不同的是，对于自行车方式，个体似乎倾向于同时改变其行为和态度。

公共交通模型的估计结果表明，类别 1 样本量最大，约占 32%，该类别样本对公共交通的使用较低，态度中立，属于相对“失调”模式。与类别 1 类似，类别 2（约占 28%）和类别 3（约占 20%）的公共交通使用也较少，但对公共交通分别持负面和正面态度。因此，类别 2 可视作“和谐”模式，而类别 3 为“失调”模式。类别 4（约占 19%）代表一种使用率高且态度正面的“和谐”模式。除此之外，还有一个类别 5，约占 2%，公共交通使用率很高但对公共交通出行方式略持负面态度。

转换概率估计结果再次表明，“失调”模式（类别 1、类别 3 和类别 5）相对于“和谐”模式（类别 2 和类别 4）更加不稳定。与小汽车模型结果类似，“失调”模式通常通过改变态度来解决“失调”问题。例如，类别 3（公共交通使用率低 / 持负面态度）非常强烈地倾向于转变为类别 1（公共交通使用率低 / 持中立态度），类别 1 进一步倾向于转变为类别 2（公共交通使用率低 / 持负面态度）。

表 6-5 列出了时点 1 上外生控制变量在各类别上的分布。可以发现，小汽车使用率低但持正面态度的“失调”模式（小汽车出行方式的类别 3）主要包含低收入的年轻人（学生），其“失调”可能归因为无力购买小汽车。自行车使用率高且持正面态度的“和谐”模式（自行车出行方式的类别 1）主要包含老年人 / 退休人员，他们可能不需要更远的出行距离。公共交通出行方式的类别 5（使用率高但持负面态度）主要包括年轻人 / 学生，他们除了使用公共交通，别无选择。

表 6-3

外生变量对内生变量的标准化效应估计值

		小汽车				自行车				公共交通			
		时点 1		时点 2		时点 1		时点 2		时点 1		时点 2	
		使用	态度	使用	态度	使用	态度	使用	态度	使用	态度	使用	态度
性别（女性为参考类）	男性	0.209	0.137			0.098							
年龄（>55 岁为参考类）（岁）	15 ~ 34		0.081			−0.099			−0.063		−0.179	0.074	
	35 ~ 54	0.095	0.106								−0.124		
主要职业（其他为参考类）	在职	0.183					0.160						
	学生					0.170				0.361	0.117		
	家庭主妇						0.068						
	领养老金者						0.094				0.062		
受教育水平			−0.146	0.032		0.081		0.031	0.064	0.142	0.110		
收入		0.282	0.160	0.066	−0.064	−0.079			−0.056	0.099			

注：所有估计量均在 $P < 0.05$ 水平上显著。

样本的所属类别、回应与转变概率

表 6-4

样本量	小汽车					自行车					公共交通					
		1	2	3	4		1	2	3	4		1	2	3	4	5
		0.44	0.24	0.19	0.13		0.37	0.29	0.27	0.07		0.32	0.28	0.20	0.19	0.02
测量变量																
方式使用（每周出行公里数）	0	0.00	0.29	0.72	0.00	0	0.00	0.47	0.00	0.76	0	1.00	0.93	0.95	0.02	0.00
	1 ~ 20	0.00	0.47	0.25	0.00	1 ~ 10	0.00	0.52	0.43	0.24	1 ~ 20	0.00	0.07	0.05	0.36	0.00
	21 ~ 50	0.19	0.24	0.03	0.01	11 ~ 20	0.00	0.00	0.54	0.00	21 ~ 50	0.00	0.00	0.00	0.25	0.02
	51 ~ 200	0.56	0.00	0.00	0.25	21 ~ 40	0.45	0.00	0.00	0.00	51 ~ 200	0.00	0.00	0.00	0.27	0.22
	>200	0.24	0.00	0.00	0.74	>40	0.55	0.00	0.00	0.00	>200	0.00	0.00	0.00	0.11	0.76
	均值	4.0	2.0	1.3	4.7	均值	4.5	1.5	2.6	1.2	均值	1.0	1.1	1.0	3.1	4.7
对出行方式的态度	--	0.00	0.10	0.00	0.04	--	0.00	0.00	0.00	0.15	--	0.00	0.29	0.00	0.00	0.00
	--	0.00	0.45	0.00	0.33	--	0.00	0.00	0.00	0.19	--	0.00	0.70	0.00	0.00	0.56
	0	0.38	0.45	0.46	0.63	0	0.01	0.01	0.07	0.61	0	1.00	0.01	0.07	0.36	0.43
	+	0.52	0.00	0.47	0.00	+	0.27	0.22	0.55	0.06	+	0.00	0.00	0.65	0.60	0.00
	++	0.10	0.00	0.07	0.00	++	0.72	0.77	0.37	0.00	++	0.00	0.00	0.28	0.05	0.00
	均值	3.7	2.3	3.6	2.6	均值	4.7	4.8	4.3	2.6	均值	3.0	1.7	4.2	3.7	2.4

续表

	小汽车					自行车					公共交通					
样本量		1	2	3	4		1	2	3	4		1	2	3	4	5
		0.44	0.24	0.19	0.13		0.37	0.29	0.27	0.07		0.32	0.28	0.20	0.19	0.02
失调程度	0	0.34	0.38	0.00	0.00	0	0.55	0.00	0.01	0.09	0	0.00	0.37	0.00	0.16	0.00
	1	0.66	0.62	0.00	0.00	1	0.40	0.00	0.25	0.50	1	0.00	0.59	0.00	0.70	0.00
	2	0.01	0.00	0.73	0.86	2	0.04	0.00	0.72	0.42	2	1.00	0.04	0.01	0.14	0.69
	3	0.00	0.00	0.23	0.13	3	0.00	0.76	0.01	0.00	3	0.00	0.00	0.82	0.00	0.31
	4	0.00	0.00	0.04	0.01	4	0.00	0.24	0.00	0.00	4	0.00	0.00	0.17	0.00	0.00
	均值	0.7	0.6	2.3	2.1	均值	0.5	3.2	1.7	1.3	均值	2.0	0.7	3.2	1.0	2.3
转换概率矩阵																
时点 2 样本所属类别的概率	1	0.77	0.07	0.11	0.42	1	0.75	0.10	0.24	0.00	1	0.49	0.28	0.35	0.12	0.08
	2	0.04	0.69	0.27	0.09	2	0.06	0.57	0.26	0.26	2	0.23	0.62	0.06	0.06	0.14
	3	0.05	0.21	0.60	0.01	3	0.18	0.25	0.48	0.13	3	0.20	0.04	0.43	0.12	0.00
	4	0.14	0.03	0.01	0.47	4	0.01	0.08	0.02	0.61	4	0.07	0.04	0.15	0.69	0.50
											5	0.00	0.01	0.00	0.02	0.28

各潜在类别的外生变量统计值

表 6-5

	小汽车				自行车				公共交通				
	1	2	3	4	1	2	3	4	1	2	3	4	5
性别													
女性	0.40	0.72	0.70	0.34	0.50	0.56	0.53	0.59	0.55	0.52	0.52	0.50	0.68
男性	0.60	0.28	0.30	0.66	0.50	0.44	0.47	0.41	0.45	0.48	0.48	0.50	0.32
年龄（岁）													
15 ~ 34	0.15	0.16	0.30	0.15	0.17	0.17	0.22	0.16	0.15	0.18	0.10	0.27	0.74
35 ~ 54	0.39	0.28	0.20	0.37	0.29	0.37	0.33	0.28	0.35	0.39	0.31	0.21	0.17
>55	0.46	0.57	0.50	0.48	0.54	0.46	0.45	0.56	0.50	0.42	0.60	0.52	0.08
主要职业													
在职	0.61	0.34	0.32	0.71	0.44	0.59	0.51	0.41	0.53	0.56	0.50	0.39	0.34
学生	0.03	0.09	0.19	0.01	0.10	0.04	0.08	0.03	0.04	0.03	0.03	0.16	0.56
家庭主妇	0.04	0.17	0.13	0.02	0.07	0.08	0.10	0.14	0.12	0.09	0.07	0.05	0.04
领养老金者	0.24	0.25	0.23	0.21	0.29	0.19	0.21	0.23	0.23	0.17	0.30	0.28	0.02
其他	0.08	0.16	0.14	0.05	0.10	0.10	0.10	0.19	0.09	0.14	0.10	0.11	0.06
受教育程度													
低	0.29	0.34	0.50	0.22	0.33	0.35	0.30	0.44	0.34	0.36	0.36	0.27	0.23
中	0.37	0.36	0.30	0.31	0.34	0.34	0.34	0.39	0.34	0.39	0.31	0.33	0.40
高	0.34	0.30	0.20	0.47	0.33	0.31	0.36	0.17	0.32	0.26	0.32	0.40	0.37
收入													
无收入	0.04	0.14	0.21	0.03	0.11	0.07	0.11	0.09	0.10	0.09	0.05	0.12	0.26
1 ~ 2000 欧元	0.64	0.74	0.69	0.55	0.66	0.70	0.62	0.72	0.67	0.67	0.72	0.62	0.52
大于 2000 欧元	0.32	0.12	0.10	0.42	0.23	0.24	0.28	0.19	0.23	0.24	0.24	0.26	0.22

（3）结论与政策启示

本节研究发现，出行态度和出行行为随着时间的推移相互影响，更为重要的是，“行为对态度”的影响强于“态度对行为”的影响。这一发现与传统认知不同，传统上通常认为态度在解释行为上起着重要作用。因此，在未来出行行为研究中，应充分考虑态度和行为的双向关系。

“交叉滞后面板分析模型”联合“潜在类别转换概率模型”，为检验“认知失调理论”提供了分析框架和方法。分析结果支撑了“认知失调理论”，对小汽车、自行车和公共交通三种出行方式的模型估计结果均表明，“态度和行为失调”的样本比“态度和行为和谐”的样本更容易转向另一种模式，此外，当面临“失调”时，人们更倾向于调整自己的态度而非行为。

估计结果具有重要的交通政策意义，交通政策制定者应该意识到改变出行者的态度并不能带来出行行为的改变。另外，LTM 估计结果表明，相当一部分的自行车和公共交通“失调”样本（态度正面但较少使用）有望通过增加对这些方式的使用来解决“失调”问题。如果交通政策制定者和交通规划者不能通过更好的服务（如更低的票价、更完善的设施等）吸引更多人选择自行车和公共交通出行，这部分群体很可能会降低对这些“绿色出行方式”的正面态度。

6.3　出行态度、建成环境与出行行为的因果机制

本节引入建成环境，在 6.1 节理论分析的基础上完善分析框架，进一步探讨出行态度、建成环境与出行行为三者之间的因果机制，以及不同“潜在类别”中的个体如何随时间调整其出行态度、居住建成环境与出行行为。

6.3.1　出行态度和建成环境的双向关系

出行态度和建成环境之间同样可能存在双向关系。二者因果关系的争论通常围绕“居住自选择”假设展开。如前所述，“居住自选择”假设人们根据自己的出行方式偏好选择有利于使用他们偏好的居住社区，如偏好公共交通出行方式的人会选择在公共交通站点周边居住。总体而言，当前文献支持“居住

自选择”假设，但研究结论不一致（Ewing et al.，2010）。一些研究（Kitamura et al.，1997；Bagley et al.，2002；Lund，2003）认为态度比建成环境特征对出行行为有更重要的影响，但仍有研究（Schwanen et al.，2005；Jdae，2014；Lin et al.，2017）发现，即使控制了“居住自选择”影响，建成环境对出行行为仍有重要影响。

然而，人们并非总是具有自主选择权，而是受到收入、家庭情况、住房市场供应等条件的限制。此外，生活过程中的一些事件（如生孩子）也会影响家庭的需求和偏好，因此，随着时间的推移也可能发生出行偏好和居住建成环境的“失调”（Schwanen et al.，2004；De Vos et al.，2012）。

另外，除搬家（“居住自选择”）外，人们还可能通过调整对当前居住建成环境的态度，以减少居住“失调”。该反向因果关系的产生可能有两个原因。首先，根据“认知失调理论”（Festinger，1957），如果“失调”发生，人们不仅会调整自己的行为，还会调整自己的态度。因此，人们可能根据当前的居住建成环境特征调整其出行态度。其次，根据 Cullen（1978）的观点，人们在当前社会和空间背景下，在日常生活中会遇到积极和消极经历，因此随着时间的推移，其态度会发生变化。例如，如果人们居住在火车站附近，他们可能会更熟悉公共交通，并将公共交通视为一个很好的出行备选方案，并因此调整他们的态度和出行行为（Bagley et al.，2002；Bamberg，2006；Chatman，2009；Bohte et al.，2009；Van de Coevering et al.，2016）。这种反向影响（建成环境→出行态度）在以往研究中较少受到关注。

事实上，出行态度与建成环境二者之间的因果方向，对于城市空间和交通规划极其重要。如果“居住自选择”占主导，则“紧凑发展”“公共交通导向开发模式”此类措施仅对本已偏好绿色出行方式的人群有益。这部分人群根据自己的出行偏好“自选择”有利于实现该偏好的居住区。这意味着，建成环境对绿色出行行为的影响受两大因素影响：一是偏好绿色出行方式的人群比例；二是他们自主选择有利于其偏好的居住区。如果反向因果关系占主导地位，则建成环境不仅会对出行行为有直接影响，而且会通过影响出行态度间接影响出行行为。这将意味着，如果为考虑出行态度而控制“居住自选择”，将会低估建成环境的作用（Næss，2005；Handy et al.，2005；Cao et al.，2009）。

到目前为止，大多数关于“居住自选择”的研究都是基于以变量为中心的模型，如回归分析和 SEM，且通常采用横截面研究设计（Mokhtarian et al.，2008）。控制“居住自选择”的一个简单方法是将影响出行行为和居住选择的个体属性数据与出行态度同时纳入模型（Bhat et al.，2007）。Kitamura 等（1997）在横截面设计中最先明确应通过引入出行态度来处理“居住自选择”问题。之后，许多研究利用该方法控制了“居住自选择”（Bagley et al.，2002；Bohte et al.，2009；Van de Coevering et al.，2016；Lin et al.，2017）。Van de Coevering 等（2016）最先在多个时间点收集态度数据，并运用线性交叉滞后面板模型分析来评估建成环境对出行行为的影响随时间的变化。Schwanen 和 Mokhtarian（2005）除考虑态度和个人属性变量外，还引入了居住建成环境“失调”的概念，按照“偏好高密度 / 低密度”和“和谐 / 失调”来区分研究样本，并比较他们的出行行为，发现“失调”对“和谐组”和“失调组”的出行行为具有不同影响。

另一种不太常用的方法是“以人为中心”的模型，此类模型通过定义不同的变量取值组合，将人（个体）划分为不同的类别。例如，最经典的聚类分析，即通过最大化每个类别内部人群的同质性以及不同类别之间人群的异质性来划分人群样本（Bauer et al.，2007）。Manaugh 和 El-Geneidy（2015）使用聚类分析，根据住房选择的各方面划分不同人群，包括财务限制以及对出行、街区与住房的偏好等，并发现公共交通服务水平对公共交通选择的影响在不同人群之间存在显著差异。

6.3.2　模型构建：出行态度、建成环境和出行行为的动态因果关系

先前的研究主要通过横截面分析，来检验出行态度是否与居住建成环境以及出行行为相关联。本节的目的是了解人们如何随着时间的推移，来调整自己的态度和居住区位；换言之，在什么情况下会产生“居住自选择”（出行态度→建成环境）或居住选择对态度的反向因果影响。

除检验出行态度和建成环境之间的因果方向外，本节还探讨出行态度和建成环境的调整在不同类别人群之间的差异（人群划分主要基于其“居住失调”类型）。例如，偏好公共交通出行但居住地周边没有公共交通站点的人群

（称为“失调”人群），比居住在公共交通站点附近且具有相同偏好的人（称为“和谐”人群）更有可能搬家或改变出行偏好。此外，本章还分析了个人属性变量的作用，如有孩子的家庭可能更难在市中心公共交通站点附近找到足够大的房子来减少他们的出行失调。

为检验不同群体之间的调整过程是否不同以及如何不同，本节参考 Van de Coevering 等（2018）的研究，采用“潜在类别转换模型”（LTM）进行建模分析。如前节所述，LTM 是一种聚类分析方法。使用该模型，根据出行态度和建成环境变量来划分“和谐”与“失调”人群，并估计人群类别随时间的转换概率。换言之，LTM 能够探索行为和态度随时间发生调整的过程（Kroesen，2014）。

（1）数据来源和变量说明

本节运用 2005 年和 2012 年两个时点的数据，数据来源于荷兰三座城市的数据：中等规模城市阿姆斯福特（Amersfoort），配有完善自行车设施的小城镇费嫩达尔（Veenendaal），郊区小镇泽沃德（Zeewolde）。在居住社区样本选择过程中尽可能涵盖各种类型的住宅区，包括小汽车友好型、自行车友好型和公共交通友好型社区。土地利用、基础设施和可达性数据通过 GIS 软件获得。2005 年的家庭调查数据通过网络问卷调查获取，包括人口属性、社会经济、态度和出行特征等。在接受调查的 12836 人中，有 3979 人完成了问卷调查（答复率 31%）；该轮调查结束后，调查者每年都会发送信件或电子邮件以保持与受访者的联系，并请他们提供有关搬家和联系方式变化的信息。2012 年对大约 3300 名受访者（83%）进行第二轮调查，共 1788 人最终参与了调查，最终回收了 1322 份有效问卷。两个时点调查数据的详细描述见 Bohte（2009）和 Van de Coevering 等（2018）的论述。

表 6-6 列出了时点 1（2005 年）和时点 2（2012 年）的关键变量及其描述性统计数据。人口属性数据包括性别、年龄、家庭中孩子的数量和收入水平。出行态度调查，要求受访者按照从“−2（非常不赞成）”到“+2（非常赞成）”的李克特 5 级量表对 9 个题项进行评分。题项涵盖情感（如“开车很愉快”）和认知（如“骑自行车环保”）等方面。运用验证性因子分析方法对每种方式态度进行汇总。

时点 1（2005 年）和时点 2（2012 年）关键变量的描述性统计分析　　表 6-6

变量	描述	2005 %/Mean（S.D.）	2012 %/Mean（S.D.）
个人及家庭属性变量			
Age	岁	50.4（10.6）	57.4（10.6）
Gender	女性	42.7%	42.7%
	男性	57.3%	57.3%
Children	家中儿童数量	1.18	0.98
Income（monthly）	低（<1000 英镑）	19.0%	12.2%
	中（1000 ~ 2000 英镑）	39.4%	33.1%
	高（>2000 英镑）	42.6%	54.7%
出行态度变量			
Car attitude		0.57（0.35）	0.54（0.35）
	开车舒服（因子载荷 =0.69）	1.30	1.31
	开车灵活（因子载荷 =0.90）	1.35	1.36
	开车有趣（因子载荷 =0.73）	0.89	0.94
	开车隐私性好（因子载荷 =0.89）	1.16	1.13
Public transport attitude		−0.85（0.41）	−0.81（0.42）
	乘公交舒服（因子载荷 =0.69）	−0.21	−0.10
	乘公交灵活（因子载荷 =0.90）	−1.10	−0.91
	乘公交有趣（因子载荷 =0.73）	−0.27	−0.13
	乘公交隐私性好（因子载荷 =0.89）	−1.04	0.98
Bicycle attitude		0.29（0.41）	0.28（0.40）
	骑自行车舒服（因子载荷 =0.69）	0.39	0.43
	骑自行车灵活（因子载荷 =0.90）	1.00	1.06
	骑自行车有趣（因子载荷 =0.73）	1.21	1.16
	骑自行车隐私性好（因子载荷 =0.89）	0.63	0.62
建成环境变量			
Distance	距最近公共交通站点最短网络距离（m）	6150（5458）	5627（5721）

续表

变量	描述	2005 %/Mean（S.D.）	2012 %/Mean（S.D.）
出行行为变量			
Car share	使用小汽车的频率	4.8（1.9）	4.7（1.9）
Car availability	总是具有使用小汽车的机会（%）	73%	73%
Car ownership	家庭拥有小汽车数量（辆）	1.48（0.64）	1.47（0.66）
Public transport card	拥有公交卡家庭成员占比（%）	23.1%	32.5%
动态变化			
Residential relocation	数据库中搬家的人数	250（19%）	
Job changes	变换工作的人数	238（18%）	
Arrival children	家中儿童增加个数（新生或收养）	100（8%）	
Changes in income	收入下降	180（14%）	
	收入稳定	511（48%）	
	输入增加	631（39%）	

建成环境通过可达性指标（即受访者家和最近公共交通站点之间的最短网络距离）进行衡量，数据来源于荷兰国家公路数据库（NWB，2013）。出行行为通过以下问题进行评估："与公共交通、自行车和步行等方式相比，你多久使用一次小汽车？"受访者按李克特7级量表进行答复：从"1（几乎从不使用小汽车）"到"7（几乎总是使用小汽车）"。调查还显示，约五分之一的受访者搬了家，四分之一的受访者工作地点发生了变化，约39%的受访者收入等级提高。

（2）模型形式

本节研究的一个重要假设为：建成环境和出行偏好的"失调"类型与"失调"程度，将带来不同的调整过程（指出行者调整其出行偏好或调整其居住地）。本节采用潜在类别转换模型（LTM），按照建成环境和出行偏好的取值组合，对样本进行分类。如前所述，与*k*-均值聚类相比，LTM的主要优势在于它以概率方式将个体分配到某个类别，能够降低分类偏差，并能够根据统计标准确定最佳类别数量（Collins et al.，2013；Vermunt et al.，2013）。此外，该模型能够进行多时点分析，并估计类别之间随时间的转换概率（Collins et al.，2013）。模型具体结构如图 6-7 所示。

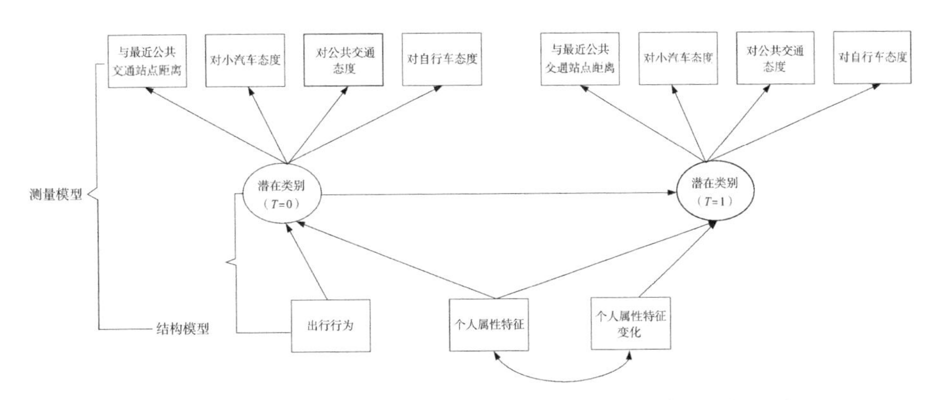

图 6-7　出行态度、建成环境和出行行为的潜在类别转换模型（LTM）

模型根据“出行方式态度”和“与最近公共交通站点距离”对样本进行聚类，模型由测量、结构和纵向时序三部分构成。其中，测量模型部分由四个指标设定：对小汽车的态度、对公共交通的态度、对自行车的态度、与最近公共交通站点距离。潜在类别即代表了出行态度和建成环境的不同取值组合。模型假设，由于“居住自选择”和反向因果关系的存在，大多数人的出行偏好和其居住建成环境特征相一致。例如，居住在公共交通站点附近的人将更加偏好公共交通出行，而偏好小汽车的人会选择更远的位置居住。

结构模型部分，转换概率受外生控制变量影响。纳入模型的外生控制变量包括性别、年龄、家庭儿童数、个人收入和出行行为。某个时点的人口属性数据影响该时点的人口聚类，如男性更有可能划分到偏好小汽车类别。

时序模型部分，对两个时点（2005 年和 2012 年）的潜在类别特征进行了估计，同时估计了随着时间的推移潜在类别之间的转换概率。转换概率估计的理论基础为前述“认知失调理论”，以 2005 年样本所属类别为条件估计 2012 年的类别成员关系概率，并得到一个转换概率矩阵。根据模型假设，“居住自选择”和反向因果关系如何发挥作用将取决于 2005 年初始“失调”的类型和水平。例如，与居住在郊区、偏好小汽车的人群相比，居住在公共交通站点周边但偏好小汽车的人群更有可能搬家，并自选择到有利于开车的居住社区。外生控制变量也会影响类别间的转换概率，如老年人更有可能转换到对公共交通持正面态度的类别中。此外，人口属性变量的变化和两个虚拟变量（分别表示一个人在两个时点间是否搬家和换工作），均会影响其在时点 2（2012 年）的所属类别。

模型估计采用 Latent Gold 5.0 软件包。由于潜在类别的观测变量（态度变量和建成环境变量）都是有序变量，因此采用有序 Logit 模型估计潜在类别变量与观测变量之间的关系。潜在类别变量为多分类名义变量，因此采用多项 Logit 模型估计外生变量对潜在类别变量的影响以及随时间推移的类别转换概率。估计并比较包含 1 ~ 7 个类别的模型，根据 BIC 指标取值，确定最佳类别数（6 类）。

6.3.3 模型估计与分析

（1）模型估计结果

模型估计结果如表 6-7 和表 6-8 所示。表 6-7 显示了时点 1（2005 年）每个类别成员的特征，包括：①类别大小（class size），由属于某个类别的无条件概率集计得出；②观测变量（态度和建成环境）对潜在类别的影响显著度（Wald 检验）；③各类别中观测变量和外生控制变量的均值，以反映每个类别的平均社会人口特征。

类别大小表明，个体属于类别 1 的概率相对较高，属于其他类别的概率大致均匀。Wald 统计检验表明，所有观测变量对潜在类别变量具有显著影响，且这些观测变量在类别之间差异显著。外生控制变量中，年龄、家庭中儿童数和收入对 2005 年的类别成员关系有显著影响，其中，性别在 10% 水平上显著，其他变量均在 1% 或 5% 水平上显著。

6 个潜在类别的特征可表示如下（与公共交通站点距离划分为 2km、3km 和 14km 3 个类别，用来定义附近、不远和很远）。

类别 1（“附近 / 不满”）（占 26%）：居住在公共交通站点附近，但对公共交通、自行车和小汽车出行方式均持负面态度。

类别 2（“附近 / 公共交通自行车”）（占 18%）：居住在公共交通站点附近，偏好公共交通和自行车出行，不喜欢小汽车出行。

类别 3（“很远 / 多方式”）（占 16%）：居住地与公共交通站点非常远，对小汽车的态度低于平均水平，而对公共交通和自行车态度略高于平均水平。

类别 4（“很远 / 小汽车”）（占 16%）：居住地与公共交通站点最远，偏好小汽车出行，不喜欢公共交通和自行车出行。

类别 5（“不远 / 小汽车”）（占 12%）：居住地与公共交通站点不太远，偏好小汽车出行。

类别 6（“不远 / 小汽车自行车”）（占 12%）：居住地与公共交通站点不远，偏好自行车和小汽车出行，不喜欢公共交通出行。

（2）结论与分析

总体而言，出行态度和到公共交通站点距离的模式组合并不完全符合预期假设，即住在公共交通站点附近的人更偏好公共交通和自行车出行。类别 2 和类别 4 符合预期假设，但类别 1、类别 3、类别 5 和类别 6 不符合。此外，并没有发现“距离公共交通站点越近对自行车或公共交通的态度越正面”的规律，即出行偏好和与公共交通站点距离之间并没有渐进关系。

各类别的外生变量特征表示，类别 2（“附近 / 公共交通自行车”型）的人群平均年龄稍大，小汽车可用性和使用率低，且公交卡持有者的比例较高。类别 1（“附近 / 不满”型）中女性多于男性，且收入低于平均水平。没有足够的财力可能是对所有交通方式均不满意的原因。类别 5（“不远 / 小汽车”型）中男性比例非常高，收入水平高、小汽车可用性和使用率也很高。这表明，男性及高收入群体即使居住地与公交站点不远，他们也更愿意选择小汽车出行。

表 6-8 列出了 2005 ~ 2012 年的潜在类别转换概率，以及外生变量对这些概率影响的参数估计。表格中行代表 2005 年的初始类别成员关系，列代表 2012 年的类别成员关系。最大概率出现在对角线上，表明随着时间的推移，个体留在同一个类别的可能性最大。与预期相反，处于相对“失调”的类别（类别 1、3、5、6）并不会以更大概率转到更“和谐”的类别（类别 2 和 4）。

2005 年样本类别成员特征：出行态度、与公共交通站点距离 表 6-7

出行态度和与公共交通站点距离 N=1322

	类别	类别 1：附近 / 不满	类别 2：附近 / 公共交通自行车	类别 3：很远 / 多方式	类别 4：很远 / 小汽车	类别 5：不远 / 小汽车	类别 6：不远 / 小汽车自行车	全部
观测变量	类别大小	26%	18%	16%	16%	12%	12%	100%
与公共交通站点距离（Wald=95，P<0.01）	均值（m）	2282	2253	13918	14045	3248	2629	6150
小汽车态度（Wald=188，P<0.01）	因子得分	0.40	0.34	0.43	0.82	0.87	0.79	0.57
公共交通态度（Wald=307，P<0.01）	因子得分	−0.87	−0.34	−0.70	−1.21	−1.22	−0.92	−0.85
自行车态度（Wald=223，P<0.01）	因子得分	0.17	0.44	0.30	0.24	−0.01	0.69	0.29
外生控制变量								
Age（Wald=52，P<0.01）	均值（岁）	49	50	45	44	46	48	47
Children（Wald=15，P<0.01）	有儿童家庭占比（%）	53	49	62	70	49	66	58
Gender（Wald=10，P<0.1）	男性占比（%）	48	58	47	63	82	58	57

续表

出行态度和与公共交通站点距离 N=1322								
	类别	类别 1：附近 / 不满	类别 2：附近 / 公共交通自行车	类别 3：很远 / 多方式	类别 4：很远 / 小汽车	类别 5：不远 / 小汽车	类别 6：不远 / 小汽车自行车	全部
Income（Wald=12，P<0.05）	低	43	34	48	30	12	37	36
	中	37	42	34	44	53	3	41
	高	20	24	18	26	36	23	24
Car availability	总是具有用车机会（%）	69	54	80	83	88	72	73
Car share	1= 总是非小汽车，7= 总是小汽车	4.48	3.56	5.30	5.83	5.83	4.23	4.79
公交卡	持卡人占比（%）	23	53	12	10	14	21	23
Car ownership	0 cars（%）	2	9	0	0	0	1	2
	1 car（%）	57	72	38	37	47	54	52
	2 cars（%）	38	18	57	56	44	42	4
	3+ cars（%）	4	1	4	6	10	3	23

潜在类别转换概率矩阵：出行态度、与公交站点距离　　表 6-8

状态（T=1）（%）	类别 1：附近 / 不满	类别 2：附近 / 公共交通自行车	类别 3：很远 / 多方式	类别 4：很远 / 小汽车	类别 5：不远 / 小汽车	类别 6：不远 / 小汽车自行车
状态（T=0）（%）（Wald=43，P<0.05）						
类别 1	100	0	0	0	0	0
类别 2	1	99	0	0	0	0
类别 3	5	1	92	1	2	0
类别 4	2	0	1	87	6	3
类别 5	0	0	0	0	96	4
类别 6	4	10	0	0	0	86
外生变量（2005）						
Age（Wald=11，P<0.01）	−0.07	0.09	0.08	−0.09	0.05	−0.05
Gender，*ref.*= 女性（Wald=13，P<0.05）	**3.74**	−1.94	−2.92	2.02	**−2.88**	1.98
Income（Wald=12，P<0.01）	**−1.58**	**1.23**	**−0.58**	−0.32	0.20	**1.04**
Children（Wald=16，P<0.01）	**3.61**	−1.63	**4.66**	−2.46	0.74	**−4.91**
外生变量变化（2005 ~ 2012 年）						
Arrival children（Wald=11，P<0.01）	**4.06**	−4.92	2.62	−2.47	0.39	0.32
Change in income（Wald=12，P<0.01）	**−1.72**	0.74	0.27	−0.23	0.37	0.57
House move（Wald=15，P<0.01）	**5.56**	0.17	**−6.77**	**−6.75**	2.62	**5.18**
Job change	**2.03**	−0.82	1.69	−1.07	−1.97	0.13

注：黑体数字表示在 $P<0.05$ 水平上显著。

类别 1 和类别 2 在两个时点间几乎未发生转换，对于类别 2（“附近 / 公共交通自行车”）尚符合情理；但对于类别 1（“附近 / 不满”），居住在公共交通站点附近 7 年并未增加其对公共交通出行方式的偏好，且“失调”也未考虑搬家。这表明，随着时间的推移，出行态度和建成环境相互作用，但作用的方向和程度因类别而异。

类别 6（“不远 / 小汽车自行车”）表现出最强烈的转换到类别 2（“附近 / 公共交通自行车”）的倾向。该类别对公共交通态度的转变可能源于其居住地与公交站点相对较近。从类别 4（“很远 / 小汽车”）到类别 5（“不远 / 小汽车”）的转换，意味着搬到离公共交通站点更近居住，而并没有调整其对小汽车或公共交通的态度。有趣的是，搬家后人们对自行车出行开始呈现负面态度。

外生变量的估计参数表明，除工作变动，所有外生变量都显著影响转换概率。时点 1（2005 年）的高收入，显著增加了时点 2（2012 年）进入类别 2（“附近 / 公共交通自行车”）和类别 6（“不远 / 小汽车自行车”）的概率，这两个类别对自行车出行的态度均较正面。时点 1 至时点 2 间收入的增加，降低了进入类别 1（“附近 / 不满”）的概率。儿童数较多的家庭在时点 2 更有可能处于类别 1（“附近 / 不满”）和类别 3（“很远 / 多方式”）。搬家的人群更有可能住在距公共交通站点更近的地方。

通过构建 LTM，根据出行态度和建成环境的组合特征，将样本划分为不同的潜在类别，并检验了不同类别如何随着时间的推移调整其出行态度、居住建成环境和出行行为，据此探索建成环境、出行态度和出行行为之间的相互作用，主要结论如下。

首先，出行态度和建成环境之间似乎并不存在显著关系。例如，偏好公共交通或自行车的类别并未表现出居住在公共交通站点附近的趋势。

其次，随着时间的推移，潜在类别的特征保持相对稳定。与预期相反，“失调”类别也未表现出向“和谐”类别转换的趋势。例如，居住在公共交通站点附近的“失调”类别并未对公共交通的正面态度提升，以减轻“失调”程度。

再次，随着时间的推移，对出行态度和居住建成环境的调整因类别而异。这表明，“居住自选择”（出行态度→建成环境）和反向因果关系（建成环境→出行态度）都会产生，并取决于初始时点的“失调”性质和程度。

第 7 章　城市建成环境和城市交通的综合优化策略

从可持续发展的角度，倡导绿色出行应成为城市建成环境和城市交通综合优化的核心目标。绿色出行，即对环境影响较小的出行行为，包括优先选择公共交通、自行车和步行等绿色交通方式与合理降低私人机动化出行强度等（Bamberg，2013）。前述理论表明，促进绿色出行，既可以通过优化建成环境来实现（即所谓“硬策略”），也可以通过改变出行者心理来实现（即所谓“软策略”）。

Bamberg 等（2007）、Kamruzzaman 等（2016）和 Ding 等（2018）将促进绿色出行的政策措施划分为“硬”与“软”两方面。“硬策略”旨在通过营造居住地址及主要活动地点的建成环境促使居民出行向绿色出行转变。美国的“新城市主义”“公共交通导向开发模式”（transit-oriented development，TOD）、欧洲的“紧凑发展”理念以及近年来我国的“窄路密网”发展模式，均提倡通过高密度发展、土地混合利用以及公共交通高可达性来减少小汽车使用并促进绿色出行（卡尔索普，2009；Van Acker et al.，2010）。“软策略”则聚焦个体出行心理特征和决策过程，通过宣传教育和社会营销等，引导个体自觉选择绿色出行。相比于“硬策略”，“软策略”具有更高的“投入产出”效益，能够在不增加基础设施供给的前提下提升公共交通、自行车等绿色出行比例（Brög，1998；Eriksson et al.，2011）。“软策略”在国外实践较多，如澳大利亚的“骑行通勤日计划”（Ma et al.，2017）、美国波特兰的“精明出行计划”（Dill，2010）等，近年来在我国开始受到重视，《绿色出行行动计划（2019—2022 年）》与《关于深入推进绿色交通发展的意见（2019）》等官方文件均提出“开展绿色出行宣传和科普教育，让绿色出行成为习惯”。

7.1 "硬策略"：优化建成环境，促进绿色出行

建成环境和交通出行综合优化的典型"硬策略"包括公共交通导向开发模式（TOD）、窄路密网、紧凑型城市等。这些措施通过优化建成环境、完善基础设施等来促进绿色出行。

7.1.1 公共交通导向开发模式（TOD）

"公共交通导向开发模式"TOD，通常是指在城市规划中，以公共交通、地铁、轻轨等公共交通枢纽为中心，以 400 ~ 800m（5 ~ 10min 步行路程）为半径，建立集商业、住宅、办公和酒店等业态于一体的现代城市社区，可以同时满足居住、工作、购物、娱乐等多样化需求。TOD 模式倡导高效、混合的土地利用，以人群需求为导向，因地制宜，在有限的土地上将住宅、商业和休闲空间最大化，其核心发展愿景是在大容量公共交通沿线形成高密度的土地发展模式，并配合土地混合使用和宜人的步行环境设计，营造出人性化的就业居住空间。具体模式如图 7-1 所示。

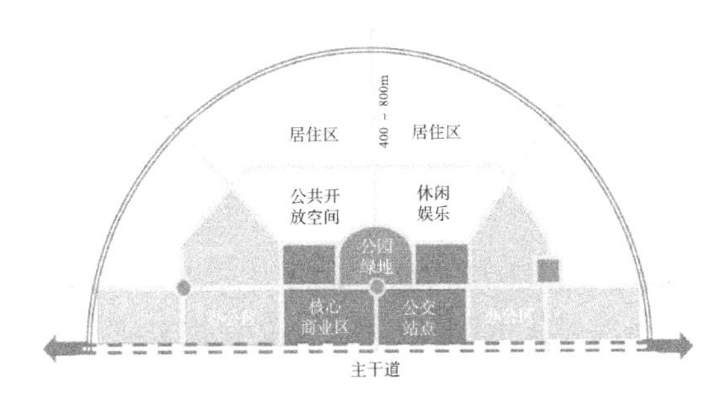

图 7–1　典型的 TOD 模式示意图

图片来源：卡尔索普 . 未来美国大都市——生态、社区和美国梦 [M]. 中国建筑工业出版社，2009.

TOD 的概念，是由美国设计师 Peter Calthorpe（1993）在其著作《下一个美国都市生态、社区和美国梦》中首次提出，之后也有多位学者在其基础上进行丰富与改进，逐渐完善 TOD 理论模式，并在全世界范围内进行推广实践。

Cervero 和 Radisch（1996）研究了新城市主义运动倡导的紧凑邻里和鼓励步行、自行车及公共交通出行等措施对居民通勤和购物出行的影响，结果表明小汽车导向下的邻里设计是降低居民选择公共交通通勤的重要原因之一。Cervero（1998）提出了 TOD 规划的三个重要原则，即密度（density）、多样化（diversity）和城市设计（design），也称为“3D”原则。1998 年美国发布《交通公平法案》，强调公共交通方式的回归，同时也为交通与土地利用的整合规划提供了法律基础，TOD 理念也因此受到普遍关注。在这一时期，TOD 作为一种社区发展的积极模式在全美乃至欧洲得到广泛推广。

TOD 模式提出后，美国、丹麦、法国等都开始进行积极实践。根据实施的空间范围，可划分为区域 TOD 模式、城市 TOD 模式和片区 TOD 模式。

法国大巴黎地区是实施“区域 TOD 模式”的代表，其高速铁路计划（TGV）缩短了巴黎与各城市的旅行时间，促进了沿线城市的发展。法国高速铁路通车后，巴黎到南特的距离缩短到 1.5h，巴黎与里昂之间也缩短到 2h，这大大提高了各城市的可达性，并降低了旅行成本，各城市贸易往来也迅速增加，大量生产企业和贸易公司落户到中小城市，逐渐带动沿线城市的经济发展，并且各大学与科技园区也迁入沿线的中小城市，促进文化事业的发展，同时加速了房地产行业的开发。里昂作为法国第二大城市，自高速铁路开通之后，其金融、汽车、医药、化工、物流等产业均得到了更好发展。原始博览业现在也得到了升级和扩充，借助传统声望和高速铁路的开通，现在里昂已经成为法国的第二大博览中心，每年的国际博览会都会吸引 30 万 ~ 40 万人参加，参展单位数以千计。

丹麦哥本哈根是实施“城市 TOD 模式”的代表，其轨道交通沿着“手指形态规划”中的几条放射状走廊集中从中心城区向外进行建设，沿线的公共建筑与高密度住宅均聚集于轨道交通车站的周边。在中心城区，公共交通配套行人和自行车系统，为市民提供方便，这样使得城中与城外居民都能够非常方便地使用全套公共系统，而不依赖小汽车。哥本哈根模式是在整座城市范围实行 TOD 模式，而非局限在小片区，由于城内、城外各公共交通系统配套完善，整合后的效果十分显著。

美国波特兰市是实施“片区 TOD 模式”的代表。20 世纪 50 年代，波特兰市就通过建设市区有轨电车成功带动了老城区的繁荣，使市民对小汽车的依赖降低了三分之一。1997 年，波特兰市对交通网络做出了完整的规划，将公共轨道交通站点作为城市发展中心，对每个轻轨车站都按照 TOD 模式（社区可到达范围 400m 内）进行设计，市民工作和居住地都围绕着此中心进行建设。位于波特兰市轻轨西线上的 Orenco 车站距离市中心约 23km，其社区占地面积达到 77hm^2。社区规划以车站为起点，设计一条公园大道向南北延伸，经过市镇中心并到达中央公园，街道两边是居民住宅，可步行半径为 400 ~ 600m。

2000 年以来，TOD 理论被引入中国，并引起国内学术界和规划领域的关注。截至 2019 年末，中国 40 座开通轨道交通的城市中，已有近一半城市出台了与 TOD 相关的规划政策，旨在通过 TOD 理念促进城市有序发展，提高城市运转效率。其中，北京、上海、广州、成都等城市更是积极探索“轨道 + 物业”的 TOD 开发模式，在促进集约、高效用地的基础上，进一步考虑到周边及沿线规划的一体化，重构城市的空间与服务，提升人民生活获得感、幸福感（表 7-1）。

国内主要城市 TOD 相关政策梳理　　表 7-1

城市	颁布时间	具体政策	政策目的
北京	2015 年 1 月，2017 年 9 月	《北京城市总体规划（2004—2020 年）》：第 137 条，交通发展政策。发挥交通对城市空间结构调整的带动和引导作用，根据城市总体布局，积极推广以公共交通为导向的城市开发模式（TOD）；《北京城市总体规划（2016—2035 年）》：第 52 条，加强主要功能区和大型居住组团之间交通联系。推进公共交通导向的城市发展模式（TOD），围绕交通廊道和大容量公交换乘节点，强化居住用地投放与就业岗位集中，建设能够就近工作、居住、生活的城市组团	• 优化土地资源配置，有效实施城市总体规划，保障首都协调发展； • 大幅度提升通勤主导方向上的轨道交通和大容量公交供给，完善城市主要功能区、大型居住组团之间公共交通网络，提高服务水平，缩短通勤时间

续表

城市	颁布时间	具体政策	政策目的
南京	2015 年 1 月	《关于推进南京市轨道交通场站及周边土地综合开发利用的实施意见》：文件规定了轨道交通场站及周边土地综合开发利用的机制，即综合开发利用规划，综合开发利用方式，综合开发利用土地收益，综合开发利用考核监管以及综合开发利用的保障措施	• 建立符合南京市发展实际的轨道交通场站及周边地区综合开发利用模式； • 最大限度提升土地开发收益反哺轨道交通建设、运营； • 促进土地资源的集约利用、城市功能结构的优化提升和轨道交通的持续健康发展，实现轨道交通功能、收益和效率的最大化
上海	2016 年 1 月	《关于推进南京市轨道交通场站及周边土地综合开发利用的实施意见》：文件规定了轨道交通场站及周边土地综合开发利用的机制，即综合开发利用规划，综合开发利用方式，综合开发利用土地收益，综合开发利用考核监管以及综合开发利用的保障措施	• 推进全市区域性通道、综合枢纽等设施建设，发挥新城节点城市作用； • 坚持绿色发展，缓解城市交通拥堵、方便居民生活
广州	2017 年 3 月	《广州市轨道交通场站综合体建设及周边土地综合开发实施细则（试行）》：政策引入创新投融资机制、引入社会资本合作等配套文件，直接指导广州市轨道交通第三期线网的综合开发工作；第三期建设规划共 10 条线，265km	• 建设现代化综合换乘系统，改善出行条件； • 完善城市综合服务，提升城市品质，塑造城市新风貌； • 推进土地储备，实施综合开发，实现土地高效集约利用； • 筹集轨道建设资金和运营补亏资金，创新轨道交通投融资机制
成都	2019 年 4 月	《成都市轨道交通场站综合开发用地管理办法（试行）》：政策强调加强用地统筹管理，实行多种供地方式	• 保证全市轨道交通场站综合规划开发的一体化和一致性； • 通过差别化的供地方式，满足不同用地需求； • 打造以人居为核心的一体化的公园社区

时至今日，完整的 TOD 概念已经是一个涉及城市发展模式、交通网络结构、土地利用、社区发展、项目融资等多方面的理论架构，其涵盖了从宏观区域到微观社区的多个层面，既是一种城市功能结构调整的理念，又是居住、商业、交通、就业等土地利用的多功能整合规划。与此同时，TOD 也是一种重视公共空间的城市设计手法，以及项目开发运作的一种方式。

将 TOD 模式理念应用于未来城市规划中，设计适宜步行的街道和人行尺度的街区、适当提高城市道路网密度、发展高质量公共交通，将成为提高城市可达性、促进公共交通出行的可行之策。进而城市规划者可依据公共交通承载量确定城市密度并以此为依据指导城市土地开发，并在此基础上布局快捷公共交通网络，形成紧凑的城市区域布局，最终达到优化城市建成环境的目的。

未来中国 TOD 的应用和发展必须从城市规划的综合视角，形成城市到社区、土地利用到公共空间设计、规划方案到融资开发的应用体系，进而转变城市发展模式，形成应对人口、经济和环境问题的可持续发展战略。

7.1.2 “窄路密网”规划模式

“小街廓、密路网”模式最初是由美国设计师 Peter Calthorpe 等结合 TOD 土地利用、公共交通与步行交通优先等新理念，倡导回归欧洲传统城镇布局模式，形成了高密度方格网的城市规划理念，并被广泛应用到不同国家和城市。例如，美国曼哈顿商务区、中国昆明呈贡新区和中国香港港岛密路网。

“窄路密网”规划模式通过缩小城市街区规模，增大城市路网尤其是支路网密度，可有效提升城市连接性，进而为行人步行出行提供便利，为塑造步行优先的街道空间提供了条件，可实现从“以车为本”的交通性道路向“以人为本”的生活性街道转变。

（1）日本丸之内中央商务区

丸之内中央商务区地处东京中心区，总用地面积 1.2km^2，是东京的重要门户。丸之内前后经历了三次大规模改造，其中第三次大规模再开发是其塑造东京形象、提升国际竞争力的重要举措。在再开发建设中高度重视人性化、集约型街区的构建及步行通道的建设，打造 80m × 120m 的小街区尺度，实现了从 CBD 向 ABC（宜人商务中心区）的更新转换，如图 7-2 所示。

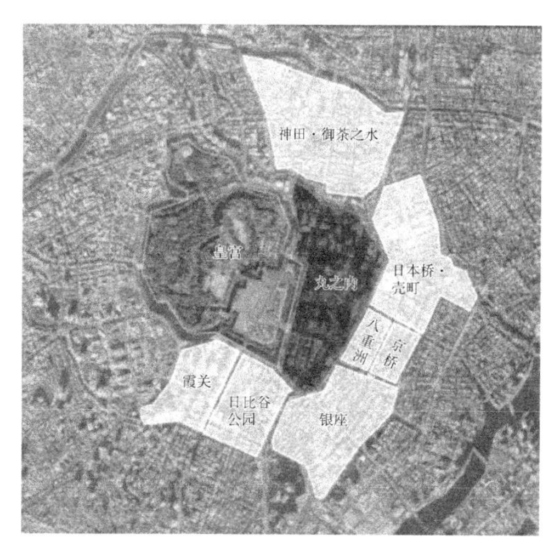

图 7-2　丸之内中央商务区街区尺度

图片来源：三菱地所设计，2013

建成便利舒适和便于行走的街区是丸之内再开发的总体目标之一，现已建成地上与地下有机联系的步行者网络系统。注重“公开空地网络型”街区和“街景形成型”街区的营造，并制定了严格的导则来引导与控制街区的建设。在街道建设中，通过步行道向车行道拓宽等手法，增加步行者空间的舒适性。以仲大街为例，建筑的沿路部分、跨越基地内的私人空间及道路等公共空间，一起为步行者打造“中间领域”空间。同时，在街道两侧建筑的底层布置咖啡店、餐厅等配套设施，为人们提供休憩场所，激发街道活力。

（2）中国台北信义商圈

信义商圈位于中国台湾台北市信义计划区，用地面积约为 0.576km^2，步行环境品质较高，被誉为台北的曼哈顿。信义商圈街道密集，街区尺度多为 100m × 150m。在信义计划区，880m（一个大街廓宽度）以内的干道上最多有 7 条支路，而相邻的东区商业区在同样长度的距离内能容纳多达 17 条支路。在街区开发控制中，强调重要节点（如 101 大厦、购物中心、松涛广场公园等）之间的步行联系和视线渗透。打造自新光三越 A4 馆开始，一直延续至台北世界贸易中心的空中步行系统。串联起区域内多家商场、娱乐中心及展览馆等，为市民提供安全便捷的商业购物环境（徐诗伟 等，2014）。

信义区沿步行街设置了多层廊道，并加设地下街，形成了地上、地面、地下三维综合开发、流动连续的立体空间体系。早期的传统骑楼街与后建的空中步行廊道共同创造了为行人遮风避雨的多层次、立体的街道系统，成为信义商圈最突出的特点。

（3）广州琶洲西区城市设计优化

琶洲西区是广州“十三五”时期重点打造的城市中心片区，是加强供给侧改革，结合“一江三带”战略，推进经济结构调整和产业转型升级、深入实施创新驱动发展战略、构建“三中心一体系”的重要抓手。该地区城市设计是“窄路密网”规划结构的具体实践，不仅突破了传统的规划设计理念，更体现了“精细化、品质化”的规划管理。

广州琶洲西区的城市设计优化，通过拉通部分断头路、增加支路网密度，进一步细分地块，打造 80m × 120m 方格网、小尺度街区，营造适宜步行、充满活力的人性化社区。在保证主要交通性道路机动车通行功能的前提下，利用密集的支路网塑造了类型多样、连续舒适、步行优先的街道空间。在主要街道两侧设置 4.5m、6m 和 8m 这三种不同宽度、具有传统岭南特色的骑楼。不仅增加了行人活动空间范围和提高了步行安全性，还能遮阳避雨，适应广州炎热、潮湿、多雨的气候特征，极大地增加了步行环境的舒适性。由城市道路、建筑退界、建筑界面及骑楼等构成的完整街道空间，提供了安全、舒适、步行优先的出行环境，满足了步行、自行车及公共交通出行服务，也满足了小汽车的使用需求（图 7-3）。

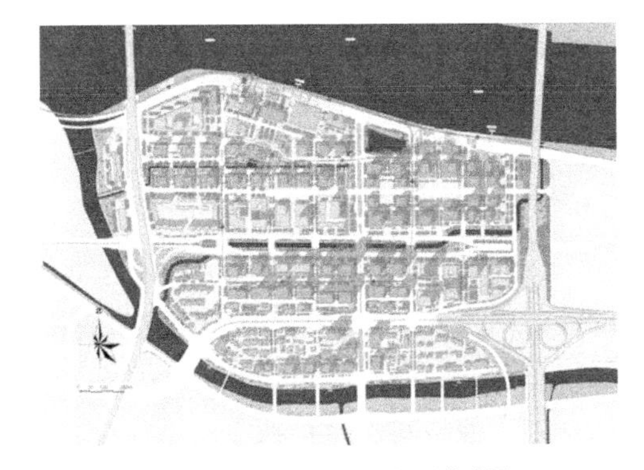

图 7–3　广州琶洲西区城市设计总平面图

（图片来源：广州市规划和自然资源局门户网站 www.ghzyj.gz.gov.cn）

“窄路密网”规划模式为塑造步行优先的街道空间创造了可能条件，通过精细化的城市设计实现从“以车为本”交通性道路向“以人为本”生活性街道的转变（林磊，2009）。首先，密集路网增加了地块周边用于商业开发的临街面，尽可能多地形成街道和广场。其次，密集路网能分散主干路相对集中的交通，为行人、自行车及公共交通提供多个可达到的平行路径，增加出行路径选择的多样性和灵活性，以此改善步行出行环境。再次，密集路网能够降低城市道路等级和减少道路红线宽度，并通过组织单向交通保证步行的可达性与易达性。

“窄路密网”模式的回归是城市发展以人为本、关注资源使用效率的必然，对于我国众多城市的“摊大饼”式发展模式，其意义更加重大。该模式虽在我国有所尝试，但目前尚未形成完整、成熟的经验。在未来的城市化进程中，不仅要在城市规划理念上下功夫，也要在城市规划编制方法的过程中进行创新，同时，与交通、建筑、景观设计等各专业部门的深度协作也尤为重要。

需要指出的是，“窄路密网”模式并非解决城市所有问题的“灵丹妙药”。“小街区”本身也应当根据所处城市区位的不同而进行理性分析，相应变化，不能一概而论。同时，由于街区的减小，土地紧凑使用，以往地块内部可以解决的问题需要拿到街道上解决，这对景观设计也提出了新的要求。例如，高层建筑消防登高面的控制，以往在地块中解决，但在小地块的情况下，地块内部空间不足，就需要利用街道空间，需要相应的行道树与景观设施配合，对已经建成相对成熟的街区环境的大型城市造成了很大的改建挑战。再如，“窄路密网”模式与中国城市习以为常的大尺度开发也形成了突出的对立，开发者需要在满足开发需要的同时确保小街区的可达性、公共性，这对未来城市用地政策、开发者规划策略都提出了新要求。

7.1.3 “紧凑型城市”发展理念

1990年，欧洲社区委员会于布鲁塞尔发布绿皮书，首次公开提出回归“紧凑城市”的城市形态。“紧凑城市”的核心内容为：无限度的分散和扩张绝不是解决城市问题的有效途径，而且分散造成了土地资源的大量浪费、通勤量的扩大，并引起交通拥挤、汽车耗油量增加和尾气排放量增大，这显然不利于石油资源的可持续利用和遏制大气层污染。同时，过度分散也淡化了社区和邻里关系，不利于提高公共设施的利用率。城市的发展应当是高密度的和被限制的，这样才有利于减少交通用地，缩短交通距离，并通过发展公共交通工具来有效控制小汽车保有量的增长，从而减少非再生资源的耗费和有害气体的排放，以遏制环境污染和大气变暖。

此后西方学者们试图从不同的角度给出“紧凑城市”的定义，并阐明它与城市可持续发展之间的关系。综合而言，紧凑型城市的内涵和特征可以归纳为三个方面：城市土地集约化利用、土地功能适度混合利用、与交通耦合的土地利用（江曼绮，2001）。

首先，城市土地集约化利用是“紧凑城市”的首要特征。通过促进人口再城市化、提高现有和新的开发密度、促进城市次中心或沿公共交通重要节点的开发密度，增加土地利用的功能混合等方式实现土地的高强度利用。

土地的集约化利用可以减少交通出行，减少对郊区农业用地或者城市内其他开放空间的使用，还可以降低服务和基础设施建设开支；城市的高强度开发可以减少交通出行，减少对郊区新农业用地或者城市内其他开放空间的使用，还可以降低服务和基础设施建设开支。需要注意的是，土地的集约化利用不等于土地的高强度开发。土地的集约化利用不仅要求高投入，也要求高产出，追求的是最佳投入产出比，也就是最佳效益，这一要求和高强度开发有本质的区别。

其次，提倡土地功能适度混合利用是紧凑型城市土地利用的核心理念。即不同类型的活动混合布局（垂直或水平）在一个空间之上，这可以通过不同土地利用方式的混合、不同设施的混合、土地与设施交错的混合来实现，由此减少不同功能活动的区位分离带来的交通出行次数与出行距离，从而减少能源消耗和环境污染。

土地功能适度混合利用旨在发挥城市聚集经济中的区位效益和组合效益，实现地尽其用，克服不同功能相互混杂所带来的外部负效应，使城市各要素在组合的方位、数量上处于最佳状态（Burton，2002）。在实践中，可以令多种类型企业集聚在一个地区，形成比较完整的产业结构、技术结构和产品结构体系，彼此之间互为对方的原料供应商和产品使用者，减少成本，节约时间并提高效益。土地的综合利用既是前述集约化利用的重要手段，也是客观要求。

土地功能适度混合利用还可以促进社会凝聚力，改善公众生活条件，塑造宜居安全的生活环境。商业和居住功能在同一区位的混合还可以提升地段开发的土地收益。土地的混合使用有利于增强城市各相关产业和服务机构之间的联系，促进多样性成长；有利于住宅和就业区域的均衡分布，减少钟摆式交通引发的能耗和污染，使交通设施占地面积大大减少；有利于改善生态环境，也有利于推广环境绩效规划，提高整体人居环境质量。

再次，紧凑型城市提倡与交通耦合的土地利用模式，认为高密度的城市和公共交通的高使用率以及能源的低消耗相关联（Breheny，1997）。合理的交通与土地利用耦合能保证城市土地的紧凑利用，为人们提供多种交通选择，提倡选择多样的交通工具，并提倡选择地铁等公共交通设施，缓解交通压力。

紧凑型城市理念提出后，在日本和欧洲各国得到了具体实践。日本式紧凑型城市实践主要是为了应对金融危机之后低房价和老龄化社会结构所造成的过于宽松的城市开发建设。例如，日本北海道札幌市在 2008 年重新定义了城市规划的执行理念，即推进可持续的紧凑型城市建设。整个城市层面的措施包括城市中心区基础设施的再生以及城市周边自然环境的保护；居住区层面的措施包括以居住职能为中心，多样性职能混合。具体规划方针为：诱导更多的人选择居住在市区，增加市区人口居住密度；合理安排城市市区职能布局，提高与日常生活密切相关的基础设施的可利用率；尽量控制市区的外延发展（札幌市市民まちづくり局都市計画部，2006）。

英国实践的主要措施包括：①设置绿带。在英国，设置绿带被认为是可有效抑制城市对外扩张，限制城市郊区无节制开发的有效政策，同时绿带可以作为绿色开放空间，增加城市自然景观和休憩场所。绿带的设置并不是固定不变的，可以灵活有选择性地在部分绿带中进行住宅开发。②可持续的住宅区开发。表现为“都市村庄”规划，“都市村庄”追求住宅区的高密度开发和用地功能混合，主要针对城市现有住宅用地、未开发用地和利用率低的土地的再开发。③城市中心区空间资源的有效利用。包括对衰退邻里再开发，建筑物改造、功能置换等。例如，曼彻斯特随着人口郊区化，城市中心区衰退，空地增加，在进行中心区再开发时，可以对部分闲置用地利用开孔式设计手法，建设高质量的公共空间。④抑制小汽车使用的交通政策。交通规划遵从用地功能混合为主旨的土地利用规划，推行现代化、经济性的公共交通，郊区向中心区通勤采用途中换乘轨道交通的形式，在车站周边高密度开发，实施中心区交通拥堵税费政策，减少中心区停车场建设，收取高额停车费，鼓励小汽车共同使用（汽车俱乐部）（Cambridgeshire County Council，2008）。

7.1.4 城市绿道系统

绿道网建设是实现生态文明，优化城市建成环境，建设生态城市的有效方法之一。在应用前面提到的城市规划结构的基础上，布局一定密度的城市绿道及城市慢行交通线（如自行车道、城市步道等），可进一步突出“以人为本”的城市建设理念，促进居民绿色出行，缓解城市交通压力。

城市绿道的概念源自于美国奥姆斯特德的波士顿公园体系规划。规划的核心内容是通过一系列线性绿地将现存的涵盖富兰克林公园在内的四个公园进行串联，形成兼具生态功能与美学功能的廊道体系。1987 年，美国户外旅游总统委员会将绿道定义为“人们居住地周边的开放空间，此类开放空间可以将乡村和城市连接使之成为一个循环体系”。在 1987 年后，城市绿道建设在美国城市规划建设中的地位不断加重，越来越多的城市绿道项目被应用于实际规划建设中。之后，城市绿道的理论与实践在欧美和亚洲各国逐渐开展。

新加坡的“公园绿带网”计划就是促进市民绿色出行和服务大众的典型案例。该计划的主要内容是以系列公园和绿带连接全岛的所有主要公园，同时连接居民中心区和城市，并与地铁站和公共交通枢纽站以及学校相连。人们漫步林荫下可以游遍新加坡的所有公园，并几乎可以走遍新加坡的每一个角落。在绿道和道路交界处，设置行人过道、天桥、隧道、斑马线等交通安全设施，在绿道内广植植物，设置便民设施和指引牌，为动物提供安全迁徙通道，改善城市动物栖息环境和生态环境。

在国内，“城市绿道”的概念引入时间则相对较晚。张文和范闻捷（2000）介绍了绿道发展理念，之后有关绿道的相关理论和实践逐渐展开。2010 年后，珠三角地区掀起了绿道建设的热潮。我国真正的绿道建设由此拉开序幕。例如，广州市绿道线路规划将绿道网络分为建成生态型、郊野型和都市型绿道。

生态型绿道（图 7-4），主要沿城镇外围的自然河流、小溪、海岸和山脊线建立，控制范围宽度一般不小于 200m。郊野型绿道（图 7-5），主要依托城镇建成区周边的开敞绿地、水体、海岸和田野，通过登山道栈道、慢行休闲道等形式建立，控制范围宽度一般不小于 100m。都市型绿道（图 7-6），集中在城镇建成区内，依托景区、公园广场以及道路两侧的绿地而建，控制范围宽度不少于 20m。

图 7–4　广州市生态型绿道

图片来源：广州市人民政府门户网站 www.gz.gov.cn

图 7–5　广州市郊野型绿道

图片来源：广州市人民政府门户网站 www.gz.gov.cn

图 7–6　广州市都市型绿道

图片来源：广州市人民政府门户网站 www.gz.gov.cn

7.2 “软策略”：改变居民出行态度，促进绿色出行

如前所述，“软策略”聚焦于个体出行决策过程，通过宣传教育和社会营销等，作用于居民的出行态度、出行习惯、低碳绿色的知识水平、自我效能

等心理特征，引导个体自觉选择绿色出行。根据“软策略”分别发挥作用的心理机制，Savage（2011）将“软策略”分为三类：①“情感”工具，改变居民主观上对某行为的好感或反感程度；②“规范准则”工具，形塑社会对某一行为方式的普遍态度与道德标准；③“提供知识”工具，推广某一行为的正向后果，并且使居民认识到他能够拥有主观效能控制。

“软策略”的具体实践类型有绿色交通活动策划、个性化绿色出行定制、绿色通勤和绿色通学计划等。欧美国家的“软策略”实践较为成熟，形成了相对完整的政策工具包。国内“软策略”实践相对较少，主要以“绿色出行宣传月”等短期活动策划为主。

7.2.1　绿色交通活动策划

通过各类节日活动氛围的营造来推广绿色出行是目前应用最为广泛的一种“软政策”，具体活动形态包括“无车日”这种以环保为主要目标的机动车限制性活动，以及“骑行日”“步行日”“绿色出行月”等以交通公平、居民健康管理为目标的绿色出行倡导性活动等。绿色交通活动策划，主要通过推广绿色出行知识以及提升驾车者的绿色出行自我效能来管理居民出行需求，以应对小汽车普及带来的空气污染、噪声污染与慢性病等居民健康问题。

（1）“无车日”

起源于欧洲的“无车日”活动，通常于每年 9 月 22 日前后一周开展。这一活动的重点是鼓励公共交通（通过免费或优惠乘车、缩短发车间隔、增加班次等）、自行车（通过增加自行车专用道划定、增加临时停放场地等）与步行出行，减少小汽车（限制城区某些街道的机动车行驶、给予市民停驶奖励）出行。因而，“无车日”成为一个塑造绿色共享空间的机会窗口，使居民有机会体验街道无车的城市空间，激励他们思考交通拥堵、道路安全、空气污染、气候变化、公共空间减少以及过度依赖机动车带来的健康问题，从而塑造一个短暂的、非机动的但面向可持续未来的城市形象。

2000 年欧盟倡导将“无车日”纳入全欧洲的环保政策框架，并逐步形成了“欧洲无车日”倡议，扩大为“欧洲交通周”（European Mobility Week）活动，目前已经有 2000 多座欧洲城市签署宣言参与该活动，宣传可持续城市交通战略。21世纪初期，世界无车网络组织（World Car-free Network）在世界范围内推广“世界无车日”活动，吸引了亚洲、南美等世界各地城市的参与。在中国，成都2001年首次举办了“无车日”活动，此后北京、上海、深圳、武汉、香港等城市也纷纷加入。

“无车日”活动具有良好的社会效益与环境效益。它促进了公共交通、自行车和步行的推广，降低了机动车尾气对环境的污染。法国通过推行“无车日”活动，交通尾气排放减少了40%。在加拿大蒙特利尔，“无车日”活动使得道路范围内的NO排放物降低90%，CO排放物降低100%，噪声水平降低38%。

目前，“无车日”活动越来越注重与当地文化相结合，除了构建一个城市无车区域之外，还成为城市文化推介与城市营造的重要部分。在巴西圣保罗，人们用骑马替代小汽车；在瑞典斯德哥尔摩，人们用跑步来度过这一天；在匈牙利布达佩斯，展开了新能源汽车的竞速活动；在英国阿伯丁，“无车日”成为了城市狂欢节，水滑梯、城市帐篷、街头钢琴等设施让人们充分享受公共空间的共享乐趣；在爱丁堡，除了每年一度的“无车日”活动之外，另外在每月的第一个周日设立了地方性的“无车日”。

（2）“骑行日”与“自行车日”

“世界骑行日”发起于2017年，它是骑行健康倡导与新兴的共享单车、互联网商业资本相结合而形成的活动。联合国人居署、联合国环境规划署、世界卫生组织等国际组织联合中国共享单车公司摩拜单车签订倡议书，将9月17日作为每年一度的“世界骑行日”，鼓励居民绿色出行。摩拜单车利用其全球运营的优势，在中国诸多城市以及新加坡、伦敦、佛罗伦萨、曼彻斯特、札幌等城市共同展开活动，与城市商家、机构、社群合作，组织丰富的线上、线下活动，用骑行福利与虚拟勋章等游戏来吸引民众参与，鼓励低碳绿色的交通出行。

“世界自行车日”也是联合国倡导下的活动，作为《2030年可持续发展议程》的一项实践活动，始于2018年6月3日。“世界自行车日”除了活动营造之外，注重与更宏观层面的政策相结合，鼓励各国将自行车纳入各层级政府的发展战略，倡导将骑行规划纳入交通基础设施规划，加强骑行者与行人的道路安全，关注骑行者与步行者在城市出行与活动中的需求和路权。其作为一项年轻的活动，2019 年已在秘鲁利马与美国纽约成功举办，2020 年，在成都市体育局、外事办公室等机构的主办下，成都举办了第二届“世界自行车日”与天府绿道健康行自行车骑游活动，得到了广泛的响应，吸引了约 1600 名骑行者积极参与。“成都自行车日”更是通过 APP 等新的活动形态，吸引全国 200 多座城市 1 万多名居民的线上共同参与。

（3）“步行日”

由国际大众健身体育协会（TAFISA）1992 年发起的“世界步行日”（9 月 29 日），以促进健康为主要发展目标，倡导居民采用步行出行方式。之后“步行日”活动得到了世界卫生组织的支持，成为目前最具影响力的绿色出行节日之一。尽管“步行日”在我国的影响力有限，但也有一些城市（如南京）引入了该活动。南京市于 2003 年首次在国内举办“世界步行日”，作为全民健身的品牌活动之一，目前已经成功举办了 18 届。南京“步行日”多与乡村绿道旅游、美丽乡村建设等深度结合，除了步行之外，还开发了广场舞、跳操、主题自拍大赛等多样化的活动类型。

纵观国内外的绿色出行节日营造，可以发现，“无车日”“骑行日”“步行日”都是一项覆盖全球、国家、城市乃至社区的活动，营造了一个大众参与社会活动的积极氛围，使得居民“成为大型活动的一分子”，他们容易受到身边亲朋参与的激励，受到丰富多彩的活动策划的吸引，从而享受社会交往与健康出行带来的愉悦感，并长期作用于他们的绿色交通行为转变。

7.2.2　“个性化”绿色出行定制

近年来，一种直接面向客户的“个性化绿色出行营销策略”悄然出现。个性化营销策略（personalised travel planning）不再通过统一宣传绿色出行信息来提高人们的认识，而是与参与者建立一种对话关系，开展更为精细化的、有针对性的工作。通过大数据等各种信息渠道，判断对象是否为绿色出行模式的使用者，识别社区中对项目可能感兴趣的人和群体，通过电话访谈或面对面访谈的形式，从家庭与个人的交通出行需求出发，提供个性化的定制方案、信息与建议；包括与个人直接相关的公共交通路线指南、时刻表、绿色出行路线地图、本地指南，并提供绿色出行奖励等，这种策略也称为“自愿的出行行为改变”。

“个性化绿色出行营销策略”始于欧洲实践。Brög（1998）率先在德国展开了个性化营销的项目实验，并基于该试点开发了一套“软策略”工具包，在欧洲13个国家的50个项目中得到了系统性应用。这些项目的开展评估均表明，在基础设施没有变更的前提下，实行这种个性化的“软策略”能显著地增加公共交通使用量。

过去20年间，该策略在澳大利亚、日本、美国等国家展开了广泛的本地化应用，产生了良好的社会效益。2000年以来，澳大利亚各州级政府几乎都推出了“TravelSmart”计划，将“个性化”的政策目标瞄准社区、家庭与个人。这一策略带来了不同程度的单独驾车出行的下降，以及拼车、公共交通、步行与骑行方式的增加（Dill et al.，2010）。日本也于20世纪末引入个性化自愿出行改变项目，减少了小汽车出行量18%，并增加50%的公共交通出行。在美国也开展了类似的项目活动，如波特兰的“SmartTrips”项目。

研究者指出，个性化绿色出行定制计划的效果可能存在滞后性。Ma等（2017）利用GPS设备，对比了澳大利亚阿德莱德市在“TravelSmart”项目前后受访居民家庭的出行记录，发现在项目实施一年之后，小汽车出行次数才显著降低，公共交通与步行次数才相应呈现显著增加，并指出项目对小汽车出行距离的影响在短期内显著但长期不可持续的问题。

个性化“软策略”的核心要点在于，“软策略”的成功离不开广泛的公众参与。“软策略”必须同本地化的知识、社区的积极行动以及家庭绿色交通的微观建设相结合，结合社区与家庭的实际需求，深入社区逐个击破，从而产生广泛的社会影响。从政策效果上而言，政策制定者应该对个性化策略保有长期的信心，因为它对居民出行绿色转变的影响存在一定的滞后效应，需要稳定、持续的政策供给。

7.2.3 绿色通勤与绿色通学

绿色通勤与绿色通学计划（workplace and school travel plans）以出行目的为突破口，认识到通勤、就学、休闲、购物等不同目的下的绿色交通行为转变的作用机理各不相同，因而应分别制定针对性的策略。

具体而言，绿色通勤计划包括一套旨在支持与工作、通勤等有关的绿色出行措施。例如，完善非露天停车场，在公司内增设淋浴间与烘干房，灵活设置工作时间，改进通勤的步行与骑行路线，用视频会议替代会议室，开发员工共享汽车平台等。这一计划往往由政府或第三方 NGO 社会团体与企业雇主展开合作，由企业绿色通勤计划专员负责全过程管理，系统地评估企业周边的交通连接现状，并通过一个综合的工具包解决目前存在的阻碍雇员绿色通勤出行的因素，以促进城郊火车、步行、骑行、公共汽车、在家办公、共享汽车等绿色通勤方式。相应地，企业在促进雇员绿色出行过程中可以获得政府的认证与奖励，如“最佳工作场所”“绿色奖章”等。

在一些大型跨国企业，绿色通勤已成为一项核心的企业业务管理策略。绿色通勤可以减少企业的停车位压力，减少员工在交通上花费的时间从而提升工作效率，减少企业碳排放，提升工作地点的可达性，提升员工福利，提升并传播企业的环保形象,因而他们参与这项计划存在内在的行为激励。目前，绿色通勤计划在英国、爱尔兰、澳大利亚等国家有较为广泛的应用。在英国坎布里亚郡，要求开发商在审批阶段就需要提交工作场所出行计划。在爱尔兰，绿色通勤计划已被纳入国家与区域层面的交通和空间规划战略，作为智慧出行的重要组成部分。在澳大利亚维多利亚州，“TravelSmart”项目下设教育、社区以及通勤三大板块。研究者表示，在全球范围内，该计划约能够减少 10% ~ 24% 的单人通勤汽车使用。

另一个以幼儿园、小学、初中等低龄学生群体为目标人群的“软策略”是绿色通学计划。它一般由政府与学校、教育机构、市场培训机构合作，制定个性化的学校出行方案，确保学生自行车、步行、滑板、公共交通上学的安全性，提升学生对城市公共空间的积极体验，增强健康体魄。

这些计划举措包括但不限于：①由政府或相关机构提供绿色就学计划全过程管理的方案，指导学校等机构做出合理改进，并向学校与教师提供一定的政策与经济支持和官方认证。②通过教育手册、绿色出行提示、学校课程设置、公共交通时间表、安全上学地图、旅程记录仪、举办趣味活动（步行大巴）等各种方式，增加儿童及家长对绿色就学的信任感与效能感。③开展儿童自行车、滑板车的培训课程，提升自主安全技能。④增加上下学高峰期学校周边的交通管制，加强交警与停车管理员的执法力度，避免交通堵塞的同时促进儿童绿色就学，为家长与学生提供安全的空间。⑤改进儿童友好的基础设施与交通环境，增添学校入口的设计吸引力，增添趣味设施与绿色植被，添加自行车架与滑板车停放设施，保证学校附近人行道、自行车道连接成网，增加限速标志，拓展安全的无障碍环境。⑥定期评估计划效果，与学校、社区定期交流，鼓励学生积极参与绿色出行。

实践证明了绿色通学计划的有效性。在新西兰新普利茅斯，绿色通学计划施行两年后，通过绿色交通方式往返学校的学生人数增加了62.5%。家长的停车行为也有了明显改善，学生们的自信和独立性显著增强。

总体而言，绿色通勤与绿色通学计划以“低成本、高效益”作为核心价值，促进居民绿色出行。虽然它们可能包括一些“硬策略”，如完善工作地与校园周边的自行车道和相关慢行交通设施，但计划的核心举措是采用绿色营销、活动等方式，以一个较低的政策成本撬动一个可见的社会效益，形成绿色交通与可持续发展的地方出行文化。此外，这两项计划都认识到，政府、企业、教育机构都无法单独解决小汽车带来的交通拥堵与“城市病”，需要政府政策支持，以及企业与教育机构、社会团体与个人的多方参与。

在我国，2019年交通运输部等多部委联合发布《绿色出行行动计划（2019—2022年）》，提出要“加快推进通勤主导方向上的公共交通服务供给”。然而，各层级政府的具体实践中，尚未细化政策工具。目前，一些探索限于某些单位内部，呈现“星星点点”的发展态势。例如，徐州市彭城街道推行绿色通勤工作制度，为绿色通勤的员工发放交通补助；天津公交集团借助大数据分析等方式，规划个性化的通勤公交线路。又如，怀仁市与茅台集团合作研究，拟定“关于茅台生态环境保护茅台酒厂绿色通勤任务分解工作方案”。我国的这一实践仍更多地停留在概念构想与地方探索的阶段，需要完善政策设计，发挥政府公共部门、单位机构、社会组织、社区、企业等多方的协作力量。

7.3 “硬策略”+“软策略”：综合推进绿色出行

需要指出的是，以优化建成环境为主要手段的“硬策略”和以社会营销为主要手段的“软策略”对居民出行行为具有协同（或加乘）效应。实践中，通常是“软硬策略”综合施策，以实现建成环境和交通出行的综合优化，促进绿色出行模式的形成。

在一个舒适安全的、步行友好的、强调社会交往的社区或街道，建成环境规划能够提升绿色出行营销的效果。在绿色出行友好的社区或街道，出行者能够通过绿色出行而感知空间的活力与社区的交往，在一定的绿色出行倡导之下，他将有更大的可能放弃机动车出行，家庭和朋友也更有可能支持他步行或骑行。而在一个喧闹无趣、可达性差、缺乏安全性、步行不友好的社区，即使一个人从心理上是低碳环保并且向往绿色出行的，但有可能因为客观建成环境而阻碍他的绿色行为转变。另外，在既定建成环境空间中，倡导健康绿色与社会交往的“软策略”能够从主观上提升人们对空间的积极感知，缩短人们对空间距离的内在想象，这种改变的正向效果甚至会高于对建成环境本身的客观改造。这样的积极态度，会使得居民更有可能转变为绿色出行。

“软策略”与“硬策略”之间的交互关系已经得到学术研究的确认。Ma 等（2017）以澳大利亚阿德莱德为例构建一个准实验设计，发现在步行适宜性较高的社区实行绿色出行“软策略”的政策效果大大优于小汽车导向的社区。他指出，建成环境的特征会调节并影响“软策略”对绿色出行的效果，并且这种协同效应长期存在。Sally 等（2004）以英国为例，发现如果在低强度建成环境下实行绿色交通“软策略”时，只能够在全国范围内降低 5% 小汽车交通需求，但如果在高强度建成环境下实行绿色交通“软策略”，并辅以一些“硬策略”方式，能够降低小汽车交通需求高达 10% ~ 15%。可见，两种策略存在相互依存且相互制约的关系。当共同开展“软策略”与“硬策略”，实现系统性的综合需求管理时，能够放大分别采用“软策略”或“硬策略”带来的效果，提升成本收益值。

结合前述章节理论探讨以及本章关于国内外“软策略”与“硬策略”的政策实践，为实现城市建成环境与交通出行的综合优化目标，促进居民绿色出行，提出以下政策建议。

第一，将发展绿色交通提升至城市高质量发展的战略高度。从 2012 年《国务院关于城市优先发展公共交通的指导意见》、2013 年《国务院关于加强城市基础设施建设的意见》至2019年交通运输部等多部委联合印发《绿色出行行动计划（2019—2022年）》，在国家层面，慢行交通、公共交通等绿色出行已经成为深入贯彻党的十九大关于绿色发展理念的重要战略部署。在城市层面，目前一些特大城市如北京、上海等在2016年新版城市总体规划中，也提出到2035年绿色出行比例不低于80%的目标。各层级的政府部门应该持续将绿色交通作为高质量发展的重要方面，作为城市竞争力的重要来源，作为公共政策的重要议题。

第二，从建成环境优化角度，系统梳理“硬策略”工具包，制订本地化的绿色出行“硬策略”方案。在城市宏观层次，发挥规划的引领作用，制定慢行友好城市的指标评估与方法体系，将城市绿色交通系统嵌入城市规划与城市交通发展战略，构建绿色交通友好的土地利用模式与空间布局，助力老年友好与儿童友好城市建设，大力推广TOD开发模式，完善和提升公共交通、自行车与步行的城市交通基础设施，倡导将绿色交通审查作为土地、商业项目开发的前置审批条件。从中观城区层次，加强慢行系统之间的网络连接，优化街道空间以提升行人的街道体验，保障行人与骑行者的路权，提供一个全龄友好的、安全的、舒适的、趣味性的出行环境。整治改善学校、CBD、大型购物中心周边与重点拥堵地段的交通环境，从微观层次，借城市更新完善社区的微基建，打造15min生活圈。增加公共绿地、口袋公园、无障碍设施、合理规划小范围的各类生活设施，提升城乡空间品质，吸引居民参与户外活动，减少居民远距离出行需求，激发绿色出行行为。另外，针对不同类型、不同规模的城市，以提升绿色出行比率为最终目标，针对性地找寻绿色交通背后的关键问题，实行本地化的方案。

第三，从绿色营销角度，精细化实行“软策略”，针对通勤、就学、休闲出行分类施策。将一年一度的“绿色出行宣传月”“无车日”“骑行日”纳入更广泛的绿色出行“软策略”框架中，除了年度活动之外，完善绿色出行政策与信息干预程度，引导和培育低碳绿色的生活方式，提高公众对绿色出行的积极认知，发挥“软策略”的长期稳定性与有效性。广泛展开与学校、企业等不同市场组织主体的合作，研究激励性措施与各类针对性的主题教育，针对不同群体（儿童、青年、中年、老年、家庭）以及不同的出行目的（通勤、就学、购物、休闲）制订详细的绿色出行提升策略方案。加强各类“软策略”的渗透性，实现各类“软策略”活动的广泛参与。通过传统媒体、新媒体增强绿色出行的持续性宣传，在新的技术条件下，开发碳排放计算器、出行卡路里计算器等具有实施监测功能的软件 APP 等，满足绿色出行与绿色生活意愿较高人群的需求。

第四，关注弱势群体的交通需求，推进城市无障碍宜居空间建设。大力发展绿色出行对于保护弱势群体、低收入群体的机动性具有重要作用。在通过绿色出行综合策略提升慢行交通品质与环境的政策实践中，要特别关注弱势群体的出行需求，建设儿童友好型城市、老年友好宜居环境，维护城市的全龄友好无障碍环境。特别是在城市的老旧社区、棚户区等地，进行有针对性的政策创新，保证弱势群体的交通公平。

第五，强化公众参与，推进社区综合治理与社会组织发展。出行需求管理离不开政策供给方与政策接受方的共同参与，离不开各层级政府、市场企业组织、公共性组织、NGO 等社会组织、城市居民的广泛协作。在公众参与水平低、社会 NGO 组织发育不足、社区自治与组织能力有限时，“系统策略”，特别是“软策略”的政策效果必定会大打折扣。应探索性地将软性交通需求管理、街道提升活动、15min 生活圈等作为提升居民自治能力、开创社会治理新格局的抓手与契机。通过绿色出行的系统性倡导，增加居民对街道、公共空间的积极体验，从而增加微观层面的社会交往，营造和谐的社会生活。

参考文献

柴彦威，沈洁，2008. 基于活动分析法的人口空间行为研究 [J]. 地理科学，28（5）：594-600.

曹新宇，2015. 社区建成环境和交通行为研究回顾与展望：以美国为鉴 [J]. 国际城市规划，30：46-52.

江曼绮，2001. 城市空间机构优化的经济学分析［M］. 北京：人民出版社.

卡尔索普，2009. 未来美国大都市——生态、社区和美国梦 [M]. 北京：中国建筑工业出版社.

凯文・林奇，2001. 城市意象 [M]. 北京：华夏出版社.

李霞，邵春福，曲天书，2010. 基于网络广义极值模型的居住地址和通勤方式同时选择模型研究 [J]. 北京大学学报（自然科学版），46（6）：926-932.

李萌，王伊丽，陈学武，2009. 城市居民个人属性与出行方式链相关性分析 [J]. 交通与运输，7（11）：11-14.

林磊，2009. 从《美国城市规划和设计标准》解读美国街道设计趋势 [J]. 规划师，（12）：94-97.

刘炳恩，隽志才，李艳玲，等，2008. 居民出行方式选择非集计模型的建立 [J]. 公路交通科技，25（5）：116-120.

栾琨，隽志才，2010. 通勤者出行方式与出行链选择行为研究 [J]. 公路交通科技，27（6）：107-110.

三菱地所设计，2013. 丸之内：世界城市“东京丸之内”120 年与时俱进的城市设计 [M]. 北京：中国城市出版社.

邵春福，2014. 交通规划原理 [M]. 2 版. 北京：中国铁道出版社.

吴明隆，2010. 结构方程模型——AMOS 的操作与应用 [M]. 重庆：重庆大学出版社.

鲜于建川，隽志才，2010. 出行链与出行方式相互影响结构 [J]. 上海交通大学学报，44（6）：792-796.

谢秉磊，毛科俊，胡小明，2009. 基于区间数的多数性出行方式选择模型 [J]. 交通运输工程学报，9（4）：61-64.

徐诗伟，李昊，叶静婕，2014. 空中步行系统在城市商业街区更新规划中的策略研究——以台北市新光三越信义新天地为例 [J]. 现代城市研究（9）：48-54.

杨励雅，朱晓宁，2012. 快速城市化进程中的居民出行方式选择 [J]. 中国软科学（2）：71-79.

姚荣涵，王殿海，2007. 模拟量子跃迁的出行方式转移模型 [J]. 交通运输工程学报，7（3）：111-115.

赵莹，柴彦威，2010. 基于出行链的居民行为决策影响因素分析 [J]. 城市发展研究（10）：96-101.

张文，范闻捷，2000. 城市中的绿色通道及其功能 [J]. 国外城市规划（3）：40-43.

张艳，柴彦威，2009. 基于居住区比较的北京城市通勤研究 [J]. 地理研究，28（5）：1327-1337.

郑思齐，刘可婧，孙伟增，2011. 住房与交通综合可支付性指数的设计与应用——以北京为例 [J]. 城市发展研究，18（2）：54-61.

宗芳，隽志才，2007. 基于活动的出行方式选择模型与交通需求管理策略 [J]. 吉林大学学报（工学版），37（1）：48-53.

札幌市市民まちづくり局都市計画部，2006. 札幌市都市計画マスタープランを踏まえた土地利用計画制度の運用方針 [R].

ABRAHAM J E，HUNT J D，1997. Specification and estimation of a nested Logit model of home，workplace and commuter mode choice by multiple worker households[J]. Transportation research record（1）：17-24.

AJZEN I，1991. The theory of planned behavior[J]. Organizational behavior and human decision processes，50（2）：179-211.

ALBERT A，1993. Mode choice for the journey to work among formal sector employees in Accra，Ghana[J]. Journal of transport geography，1（4）：219-229.

ALONSO W，1964. Location and land use[M]. Cambrideg：Harvard University Press.

AMAYA V，AISLING R F，2009. A methodological framework for the study of residential location and travel-to-work mode choice under central and suburban employment destination patterns[J]. Transportation research part A，43：401-419.

ARONSON E，1992. The return of the repressed：dissonance theory makes a comeback[J]. Psychological inquiry（3）：303-311.

Ås D，1978. Studies of time-use：problems and prospects[J]. Acta sociology，21（2）：125-141.

BAGLEY M N，Mokhtarian P L，2002. The impact of residential neighborhood type on travel behavior：A structural equations modelling approach[J]. Annual regional science，36：279-297.

BAMBERG S，2006. Is a residential relocation a good opportunity to change people's travel behavior? Results from a theory-driven intervention study[J]. Environmental behavior，38（6）：820-840.

BAMERG S，2007. Is a stage model a useful approach to explain car drivers' willingness to use public transportation? [J] Journal of applied social psychology，37：1757-1783.

BAMBERG S，2013. Changing environmentally harmful behaviors：a stage model of self-regulated behavioral change[J]. Journal of environmental psychology，34：151-159.

BANDURA A，1986. Social foundations of thought and action[M]. Englewood cliffs：NJ：Prentice Hall：23-28.

BASTA L A，RICHMOND T S，WIEBE D J，2010. Neighborhoods，daily activities，and measuring health risks experienced in urban environments[J]. Social science & medicine，71（11）：1943-1950.

BAUER D J，SHANAHAN M J，2007. Modeling complex interactions：Person-centered and variable-centered approaches[M]// LITTLE T D，BOVAIRD J A，CARD N A. Modeling Contextual Effects in Longitudinal Studies. Mahwah，N.J.：Lawrence Erlbaum Associates.

BAUTISTA-HERNÁNDEZ D，2020. Urban structure and its influence on trip chaining complexity in the Mexico City Metropolitan Area[J]. Urban，planning and transport research，8（1）：71-97.

BEKHOR S，PRASHKER J N，2008. GEV-based destination choice models that account for unobserved similarities among alternatives[J]. Transportation research part B，42（3）：243-262.

BEN-AKIVA M，LERMAN S，1985. Discrete choice analysis：theory and application to travel demand[M]. Cambridge，Massachusetts：MIT Press.

BERKE E M，KOEPSELL T D，MOUDON A V，et al.，2007. Association of the built environment with physical activity and obesity in older persons[J]. American journal of public health，97（3）：486-492.

BHART P，BHATTE O I，2011. Errors in variables in multinomial choice modeling：a simulation study applied to a multinomial logit model of travel mode choice[J]. Transport policy，18（2）：326-335.

BHAT C R，1998. Analysis of travel mode and departure time choice for urban shopping trips[J]. Transportation research part B，32（6）：361-371.

BHAT C R，1999. Activity-based approaches to travel analysis. Transportation research part A，33：467-473.

BHAT C R，ELURU N，2009. A copula-based approach to accommodate residential self-selection effects in travel behavior modeling[J]. Transportation research part B：methodological，43（7）：749-765.

BHAT C R，GUO J Y，2004. A mixed spatially correlated Logit model：formulation and application to residential choice modeling[J]. Transportation research part B，38（2）：147-168.

BHAT C R，GUO J Y，2007. A comprehensive analysis of built environment characteristics on household residential choice and auto ownership levels[J]. Transportation Research Part B，41：506-526.

BHAT C R，KOPPELMAN F S，1993. A conceptual framework of individual activity program generation[J]. Transportation research part A：policy and practice，27（6）：433-446.

BHAT C R，SINGH S K，2000. A comprehensive daily activity-travel generation model system for workers[J]. Transportation research part A，34：1-22.

BHAT C R，SRINIVASAN S，AXHAUSEN K W，2005. An analysis of multiple inter-episode durations using a unifying multivariate hazard model. Transportation research part B, 39（9）: 797-823.

BIERLAIRE M, 2006. A theoretical analysis of the cross-nested logit model [J]. Annals of operation research, 144（1）: 287-300.

BIERLAIRE M, 2003. Biogeme: a free package for the estimation of discrete choice models[C]. Ascona, Switzerland: The Third Swiss Transportation Research Conference.

BLUMER H, 1993. Attitudes and the social act [J]. Social problem（3）: 59-65.

BOARNET M, CRANE R, 2001. The influence of land use on travel behavior: specification and estimation strategies[J]. Transportation research part A: policy and practice, 35（9）: 823-845.

BOARNET M G, SARMIENTO S, 1998. Can land-use policy really affect travel behaviour? A study of the link between non-work travel and land-use characteristics[J]. Urban studies, 35（7）: 155-1169.

BOHTE W, MAAT K, VAN WEE B, 2009. Measuring attitudes in research on residential self-selection and travel behavior: a review of theories and empirical research[J]. Transport review, 29（3）: 325-357.

BOLLEN K A, 2014. Structural equations with latent variables[M]. New York: John Wiley & Sons.

BOOTS B N, KANAROGLOU P S, 1988. Incorporating the effect of spatial structure in discrete choices models of migration[J]. Journal of regional science, 28（4）: 495-507.

BOWMAN J L, BEN-AKIVA M E, 2001. Activity-based disaggregate travel demand model system with activity schedules[J]. Transportation research part A: policy and practice, 35（1）: 1-28.

BROWN B, 1986. Modal choice, location demand, and income[J]. Journal of urban economics, 20: 128-139.

BREHENY M, 1997. Urban compaction: feasible and acceptable?[J] Cities, 14（4）: 209-217.

BRÖG W, 1998. Individualized marketing: implications for transportation demand management[J]. Transportation research record, 1618: 116-121.

BROWNSON R C, HOEHNER C M, DAY K, et al., 2009. Measuring the built environment for physical activity: state of the science[J]. American journal of preventive medicine, 36（4）: 99-123.

BUCK C, TKACZICK T, PITSILADIS Y, et al., 2015. Objective measures of the built environment and physical activity in children: from walkability to moveability[J]. Journal of urban health, 92（1）: 24-38.

BURTON E, 2002. Measuring urban compactness in UK towns and cities[J]. Environment and planning B: planning and design, 29: 219-250.

Cambridgeshire County Council, 2008. Case studies of urban extensions[R]. Town and country

planning Association.
CHATMAN D G，2009. Residential choice，the built environment，and nonwork travel：evidence using new data and methods[J]. Environment and planning A，41（5）：1072-1089.
CAO X，HANDY S L，MOKHTARIAN P L，2006. The influences of the built environment and residential self-selection on pedestrian behavior：evidence from Austin，TX[J]. Transportation，33（1）：1-20.
CAO X，MOKHTARIAN P L，HANDY S L，2009. Examining the impacts of residential self-selection on travel behaviour：a focus on empirical findings[J]. Transport reviews，29（3）：359-395.
CAO X，2010. Exploring causal effects of neighborhood type on walking behavior using stratification on the propensity score[J]. Environment and planning A，42：487-504.
CARLSON J A，SAELENS B E，KERR J，et al.，2015. Association between neighborhood walkability and GPS-measured walking，bicycling and vehicle time in adolescents[J]. Health & place，32：1-7.
CERVERO R，1996. Mixed land-use and commuting：Evidence from the American Housing Survey[J]. Transportation research part A：policy and practice，30（5）：361-377.
CERVERO R，2002. Built environment and mode choice：toward a normative framework[J]. Transportation research part D，7（4）：265-284.
CERVERO R，KOCKELMAN K，1998. Travel demand and the 3Ds：density，diversity，and design[J]. Transportation research part D：transport and environment，3（2）：199-219.
CERVERO R，RADISCH C，1996. Travel choices in pedestrian versus automobile oriented neighborhoods[J]. Transport policy，3（3）：127-141.
CHIPMAN J，1960. The foundations of utility[J]. Econometrica，28：193-224.
CLARK A，SCOTT D，2014. Understanding the impact of the modifiable areal unit problem on the relationship between active travel and the built environment[J]. Urban studies，51（2）：284-299.
CLARK W A，AVERY K L，1976.The effects of data aggregation in statistical analysis[J]. Geographical analysis，8（4）：428-438.
COLLINS L M，LANZA S T，2013. Latent class and latent transition analysis：with applications in the social，behavioral，and health sciences[M]. New York：John Wiley & Sons.
CRANE R，2000. The influence of urban form on travel：an interpretive review[J]. Journal of Planning Literature，15（1）：3-23.
CULLEN I，1978. The treatment of time in the explanation of spatial behavior[M]//CARLSTEIN T，PARKES D，THRIFT N. Human activity and time geography[M]. New York：Halstead Press.
CURRIE G，DELBOSC A，2011. Exploring the trip chaining behavior of public transport users

in Melbourne[J]. Transport policy，18：204-210.

DALEGE J，BORSBOOM D，VAN HARREVELD F，et al. Toward a formalized account of attitudes：the causal attitude network（CAN）model[J]. Psychology Reviews，2016，123，2.

JDAE S，2014. Spatial self-selection in land-use-travel behavior interactions：accounting simultaneously for attitudes and socioeconomic characteristics[J]. Journal of transport and land use，7（2）：63-84.

DENG Y，ROSS S L，WACHTER S M，2003. Racial differences in homeownership：the effect of residential location[J]. Regional science and urban economics，33（5）：517-556.

DESALVO J S，HUQ M，2005. Mode choice，commuting cost，and urban household behavior[J]. Journal of reginal science，45：493-517.

DE VOS J，DERUDDER B，VAN ACKER V，et al.，2012. Reducing car use：changing attitudes or relocating? The influence of residential dissonance on travel behavior[J]. Journal of transport geography，22：1-9.

DIELEMAN F M，DIJST M，BURGHOUWT G，2002. Urban form and travel behavior：micro-level household attributes and residential context[J]. Urban studies，39：507-527.

DILL J，2009.Bicycling for transportation and health：the role of infrastructure[J]. Journal of public health policy，30（1）：95-110.

DILL J，MOHR C，2010. Long term evaluation of individualized marketing programs for travel demand management[Z]. Oregon transportation research and education consortium（OTREC）.

DING C，CAO X，WANG Y，2018. Synergistic effects of the built environment and commuting programs on commute mode choice[J]. Transportation research part A，118：104-118.

DING C，LIN Y，LIU C，2014. Exploring the influence of built environment on tour-based commuter mode choice：a cross-classified multilevel modeling approach[J]. Transportation research part D，32：230-238.

ELLDÉR E，2014. Residential location and daily travel distances：the influence of trip purpose[J]. Journal of transport geography，34：121-130.

ELLEGÂRD E，VILHELMSON B，2004. Home as a pocket of local order：everyday activities and the friction of distance[J]. Geography annual series B，86（4）：281-296.

EMOND C R，HANDY S L，2012. Factors associated with bicycling to high school：Insights from Davis，CA[J]. Journal of transport geography，20（1）：71-79.

ERIKSSON L，SONJA E F，2011. Is the intention to travel in a pro-environmental manner and the intention to use the car determined by different factors?[J] Transportation research part D，16：372-376.

EWING R，CERVERO R，2010. Travel and the built environment[J]. Journal of the american planning association，76（3）：265-295.

EWING R，CERVERO R，2001. Travel and built environment：a synthesis[J]. Transportation

research record，1780：87-113.
FAZIO R H，ZANNA M P，1978. Attitudinal qualities relating to the strength of the attitude-behavior relationship[J]. Journal of social psychology，14：398-408.
FERNÁNDEZ-HEREDIA Á，MONZÓN A，JARA-DÍAZ S，2014. Understanding cyclists' Perceptions，keys for a successful bicycle promotion[J]. Transportation research part A：policy and practice，63：1-11.
FESTINGER L S，1957. Theory of cognitive dissonance[M]. Stanford，CA：Stanford University Press.
FINKEL S E. Causal analysis with panel data[M].CA：Sage，1995.
FISHBEIN M，1980. A theory of reasoned action：some applications and implications[J]. Nebraska symposium on motivation，27：65-116.
FISHBEIN M，AJZEN I，1977. Belief，attitude，intention，and behavior：an introduction to theory and research[M]. MA：Addison-Wesley.
FOTHERINGHAM A S，WONG D W，1991. The modifiable areal unit problem in multivariate statistical analysis[J]. Environment and planning A，23（7）：1025-1044.
FOX M，1995. Transport planning and the human activity approach[J]. Journal of transport geography，3（2）：105-116.
FRANK L，BRADLEY M，KAVAGE S，et al.，2008. Urban form，travel time，and cost relationships with tour complexity and mode choice[J]. Transportation，35（1）：37-54.
GABRIEL S A，ROSENTHAL S S，1989. Household location and race：estimates of a multinomial Logit model[J]. The review of economics and statistics，17（2）：240-249.
GÄRLING T，AXHAUSEN K W，2003. Introduction：habitual travel choice[J]. Transportation，30（1）：1-11.
GEBEL K，BAUMAN A，OWEN N，2009. Correlates of non-concordance between perceived and objective measures of walkability[J]. Annals of behavioral medicine，37（2）：228-238.
GEHLKE C E，BIEHL K，1934. Certain effects of grouping upon the size of the correlation coefficient in census tract material[J]. Journal of the American Statistical Association，29（185A）：169-170.
GERARD DE J，DALY A，MARITS P，2003. A model for time of day and mode choice using error components Logit[J]. Transportation research part E：logistics and transportation review，39（3）：245-268.
GOLLEDGE R G，1978. Learning about urban environment[M]//CARLSTEIN T，PARKES D，THRIFT N. Timing space and spacing time，Vol. I：making sense of time. London：Edward Arnold：76-98.
GOODMONSON C，GLAUDIN V，1971. The relationship of commitment-free behavior and commitment behavior：a study of attitude toward organ transplantation[J]. Journal of social issues，27：171-183.

GRUE B, VEISTEN K, ENGEBRETSEN O, 2020. Exploring the relationship between the built environment, trip chain complexity, and auto mode choice, applying a large national data set[J]. Transportation research interdisciplinary, 5: 100-134.

GULLIVER J, BRIGGS D J, 2005. Time-space modeling of journey-time exposure to traffic-related air pollution using GIS[J]. Environmental research, 97 (1): 10-25.

GUO J Y, BHAT C R, 2001. Residential location choice modeling: a multinomial Logit approach[Z]. Austin: Department of Civil Engineering, University of Texas at Austin.

HÄGERSTRAAND T, 1970. What about people in regional science?[J]. Papers in regional science, 24 (1): 7-24.

HANDY S L, BOARNET M G, EWING R, et al., 2002. How the built environment affects physical activity: views from urban planning[J]. American journal of preventive medicine, 23 (2): 64-73.

HARLAND P, STAATS H, WILKE H A, 1999. Explaining proenvironmental intention and behavior by personal norms and the theory of planned behavior 1[J]. Journal of applied social psychology, 29 (12): 2505-2528.

HAYBATOLLAHI M, CZEPKIEWICZ M, LAATIKAINEN T, et al., 2015. Neighbourhood preferences, active travel behaviour, and built environment: an exploratory study[J]. Transportation research part F: traffic psychology and behaviour, 29: 57-69.

HENSHER D A, REYES A J, 2000. Trip chaining as a barrier to the propensity to use public transport[J]. Transportation, 27: 341-361.

HESS S, DALY A, ROHR C, et al., 2007. On the development of time period and mode choice models for use in large scale modeling forecasting systems[J]. Transportation research part A, 41: 802-826.

HESS S, POLAK J W, 2004. On the use of discrete choice models for airport competition with applications to the San Francisco Bay area airports[C]. Istanbul: The 10th triennial world conference on transport research.

HESS S, POLAK J W, 2006. Exploring the potential for cross-nesting structures in airport-choice analysis: a case-study of the Greater London area[J]. Transportation research part E, 42: 63-81.

HO C, MULLEY C, 2013. Tour-based mode choice of joint household travel patterns on weekend and weekday[J]. Transportation, 40: 789-811.

HANDY S, CAO X, MOKHTARIAN P, 2005. Correlation or causality between the built environment and travel behavior: evidence from northern California[J]. Transportation research part D, 10 (6): 427-444.

HONG J, SHEN Q, ZHANG L, 2014. How do built-environment factors affect travel behavior? A spatial analysis at different geographic scales[J]. Transportation, 41 (3): 419-440.

HOUSTON D，2014. Implications of the modifiable areal unit problem for assessing built environment correlates of moderate and vigorous physical activity[J]. Applied geography，50：40-47.

HUNECKE M，BLÖBAUM A，MATTHIES E，et al.，2001. Responsibility and environment：ecological norm orientation and external factors in the domain of travel mode choice behavior[J]. Environment and behavior，33（6）：830-852.

HUNT L M，BOOTS B，KANAROGLOU P S，2002. Spatial choice modeling：new opportunities to incorporate space into substitution patterns[J]. Progress in human geography，28（6）：746-766.

JELINSKI D E，WU J，1996. The modifiable areal unit problem and implication for landscape ecology[J]. Landscape ecology，11（3）：129-140.

KAMRUZZAMAN M D，WASHINGTON S，BAKER D，et al.，2016. Built environment impacts on walking for transport in Brisbane，Australia[J]. Transportation，43：53-77.

KEIZER M，SARGISSON R J，VAN ZOMEREN M，et al.，2019. When personal norms predict the acceptability of push and pull car-reduction policies：testing the ABC model and low-cost hypothesis[J]. Transportation research part F：traffic psychology and behavior，64：413-423.

KENNETH A S，1994. Approximate generalized extreme value models of discrete choice[J]. Journal of econometrics，62（2）：351-382.

KHATTAK A J，RODRIGUEZ D，2005. Travel behavior in neo-traditional neighborhood developments：a case study in USA[J]. Transportation research part A，39：481-500.

KITAMURA R，MOKHTARIAN P L，LAIDET L，1997. A micro-analysis of land use and travel in five neighborhoods in the San Francisco Bay area[J]. Transportation，24：125-158.

KOPPELMAN F S，SETHI V，2008. Closed-form discrete choice models[M]//HENSHER D A，BUTTON K J. Handbook of transport modeling，second ed. Amsterdam：Elsevier Science：211-225.

KOPPELMAN F S，WEN C H，2003. The paired combinatorial Logit model：properties，estimation and application[J]. Transportation research part B，4（2）：75-89.

KOPPELMAN F S，WEN C H，2000. The paired combinatorial Logit model：properties，estimation and application[J]. Transportation research part B，34（2）：75-89.

KRIZEK K J，2003. Neighborhood services，trip purpose，and tour-based travel[J]. Transportation，30（4）：387-410.

KROESEN M，2014. Modeling the behavioral determinants of travel behavior：an application of latent transition analysis[J]. Transportation research part A，65：56-67.

KROESEN M，HANDY S，CHORUS C，2017. Do attitudes cause behavior or vice versa? An alternative conceptualization of the attitude-behavior relationship in travel behavior modeling[J]. Transportation research part A，101：190-202.

KRYGSMAN S, ARENTZE T, TIMMERMANS H, 2007. Capturing tour mode and activity choice interdependencies: a co-evolutionary Logit modeling approach[J]. Transportation research part A, 41: 913-933.

KUBY M, BARRANDA A, 2004. Christopher upchurch factors influencing light-rail station boardings in the United States[J]. Transportation research part A, 28: 223-247.

KUNDA Z, THAGARD P, 1996. Forming impressions from stereotypes, traits, and behaviors: a parallel-constraint-satisfaction theory[J]. Psychology reviews, 103: 284.

KWAN M P, 2012. The uncertain geographic context problem[J]. Annals of the Association of American Geographers, 102 (5): 958-968.

LAHIRI K, GAO J, 2002. Bayesian analysis of nested Logit model by Markov Chain Monte Carlo [J]. Journal of econometrics, 111 (1): 103-133.

LAPIERE R T, 1934. Attitudesvs actions[J]. Social forces, 13: 230-237.

LAWRENCE C, ZHOU J, TITS A, 1997. User's guide for CFSQP version2.5: a code for solving constrained nonlinear optimization problems, generating iterates satisfying all inequality constraints[R]. Maryland: Institute for systems research, University of Maryland.

LEE J, HE S Y, SOHN D W, 2017. Potential of converting short car trips to active trips: the role of the built environment in tour-based travel[J]. Journal of transport & health, 7: 134-148.

LEE Y, HICKMAN M, WASHINGTON S, 2007. Household type and structure, time use pattern, and trip-chaining behavior[J]. Transportation research part A, 41: 1004-1020.

LEMP J D, KOCKELMEN K M, DAMIEN P, 2010. The continuous cross-nested Logit model: formulation and application for departure time choice[J]. Transportation research part B: methodological, 44 (5): 646-661.

LERMAN S R, 1976. Location, housing, automobile ownership, and mode to work: a joint choice model[J]. Transportation research record, 610: 6-11.

LIMATANKOOL N, DIJST M, SCHWANEN T, 2006. The influence of socioeconomic characteristics, land use and travel time considerations on mode choice for medium-and longer-distance trips[J]. Journal of transport geography, 14 (5): 327-341.

LIMANOND T, NIEMEIER D A, 2004. Effect of land use on decisions of shopping tour generation: a case study of three traditional neighborhoods in WA[J]. Transportation, 31: 153-181.

LIN T, WANG D, GUAN X, 2017. The built environment, travel attitude, and travel behavior: residential self-selection or residential determination[J]. Journal of transport geography, 65: 111-122.

LISKA A E, 1984. A critical examination of the causal structure of the Fishbein/Ajzen attitude-behavior model[J]. Social psychology quarter: 61-74.

LOIS D, MORIANO J A, RONDINELLA G, 2015. Cycle commuting intention: a model based on theory of planned behaviour and social identity[J]. Transportation research part F: traffic psychology and behaviour, 32: 101-113.

LOO B P Y, CHEN C, CHAN E, 2010. Rail-based transit-oriented development: lessons from New York City and Hong Kong[J]. Landscape and urban planning, 97: 202-212.

LOWRY I S, 1964. A model of metropolis[M].Santa Monica: Rand corporation.

LUND H, 2003. Testing the claims of new urbanism: local access, pedestrian travel, and neighboring behavior[J]. Journal of the American Planning Association, 69: 414-429.

MA L, CAO J, 2017. How perceptions mediate the effects of the built environment on travel behavior?[J]. Transportation, 46 (1): 1-23.

MA L, DILL J, 2015. Associations between the objective and perceived built environment and bicycling for transportation[J]. Journal of transport & health, 2 (2): 248-255.

MA L, DILL J, MOHR C, 2014. The objective versus the perceived environment: what matters for bicycling?[J]. Transportation, 41 (6): 1135-1152.

MA L, MULLEY C, LIU W, 2017. Social marketing and the built environment: what matters for travel behavior change?[J]. Transportation, 44: 1147-1167.

MA J, MITCHELL G, HEPPENSTALL A, 2014. Daily travel behavior in Beijing, China: an analysis of workers' trip chains, and the role of socio-demographics and urban form[J]. Habitat international, 43: 263-273.

MAAT K, TIMMERMANS H, 2006. Influence of land use on tour complexity: a Dutch case[J]. Transportation research record, 1977 (1): 234-241.

MADDEN T J, ELLEN P S, AJZEN I, 1992. A comparison of the theory of planned behavior and the theory of reasoned action[J]. Personality and social psychology bulletin, 18 (1): 3-9.

MANAUGH K, EL-GENEIDY A, 2015. The importance of neighborhood type dissonance in understanding the effect of the built environment on travel behavior[J]. Journal of transport and land use, 8 (2): 45-57.

MANVILLE M, BEAT A, SHOUP D, 2013. Turning housing into driving: parking requirements and density in Los Angeles and New York[J]. Housing policy debate, 23: 350-375.

MCFADDEN D, 1978. Modeling the choice of residential location[J]. Transportation research record, 672 (1): 72-77.

MCFADDEN D K, 2000. Train mixed MNL models of discrete response[J]. Journal of applied econometrics (1): 447-470.

MCGUCKIN N, MURAKAMI E, 1999. Examining trip-chaining behavior: comparison of travel by men and women[J]. Transportation research record, 1693 (1): 79-85.

MENNIS J, MASON M J, 2011. People, places, and adolescent substance use: integrating activity space and social network data for analyzing health behavior[J]. Annals of the Association of American Geographers, 101 (2): 272-291.

MERLIN L，2014. Measuring community completeness：Jobs-housing balance，accessibility，and convenient local access to non-work destinations[J]. Environment & planning B：planning and design，41（4）：736-756.

MILLS E S，1967. An aggregative model of resource allocation in a metropolitan area [J]. American economic review，57（1）：197-210.

MILLS E S，1972. Studies in the structure of the urban economy[M]. Baltimore：Jones Hopkins Press.

MITRA R，BULIUNG R N，ROORDA M J，2010. The built environment and school travel mode choice in Toronto，Canada[J]. Transportation research record，2156：2150-2159.

MITRA R，BULIUNG R N，2012. Built environment correlates of active school transportation：neighborhood and the modifiable areal unit problem[J]. Journal of transport geography，20（1）：51-61.

MOKHTARIAN P L，SALOMON I，REDMOND L S，2001. Understanding the demand for travel：it's not purely "derived" [J]. Innovation：The European journal of social science research，14（4）：355-380.

MOKHTARIAN P L，CAO X，2008. Examining the impacts of residential self-selection on travel behavior：a focus on methodologies[J]. Transportation research part B，42（3）：204-228.

MOKHTARIAN P L，VAN HERICK D，2016. Quantifying residential self-selection effects：a review of methods and findings from applications of propensity score and sample selection approaches[J]. Journal of transport and land use，9：167-257.

MOKHTARIAN P L，2019. Subjective well-being and travel：retrospect and prospect[J]. Transportation，46（2）：493-513.

MOUDON A V，LEE C，CHEADLE A D，et al.，2005. Cycling and the built environment，a US perspective[J]. Transportation research part D：transport and environment，10（3）：245-261.

MUTHÉN L K，MUTHÉN B O，2005. Mplus：statistical analysis with latent variables：user's guide[M]. LA：Muthén & Muthén.

NæSS P，2005. Residential location affects travel behavior—but how and why? The case of Copenhagen metropolitan area[J]. Progress in planning，63（2）：167-257.

NæSS P，2015. Built environment，causality and travel[J]. Transport reviews，35（3）：275-291.

NOBIS C，2007. Multimodality：facets and causes of sustainable mobility behavior[J]. Transportation research record，20（10）：35-44.

NORDLUND A M，GARVILL J，2003. Effects of values，problem awareness，and personal norm on willingness to reduce personal car use[J]. Journal of environmental psychology，23（4）：339-347.

NORLAND R B, THOMAS J V, 2007. Multivariate analysis of trip-chaining behavior[J]. Environment and planning B, 34: 953-970.

NORMAN R, 1975. Affective-cognitive consistency, attitudes, conformity, and behavior[J]. Journal of personality and social psychology, 32: 83.

OLIVER L N, SCHUURMAN N, HALL A W, 2007. Comparing circular and network buffers to examine the influence of land use on walking for leisure and errands[J]. International journal of health geographics, 6 (1): 1-11.

OPENSHAW S, 1984. The modifiable areal unit problem[J]. Concepts and techniques in modern geography, 38: 1-41.

OZBAY K, YANMAZ-TUZEL O, 2008. Valuation of travel time and departure time choice in the presence of time-of-day pricing [J]. Transportation research part A: policy and practice, 42 (4): 577-590.

PALMADE A, ROCHAT D, 2000. Mode choice for trips to work in Geneva: an empirical analysis[J]. Journal of transport geography, 8 (1): 43-51.

PAN H, SHEN Q, ZHANG M, 2009. Influence of urban form on travel behavior in four neighborhoods of Shanghai[J]. Urban studies, 46: 275-294.

PAPOLA A, 2004. Some developments on the cross-nested logit model [J]. Transportation research part B, 38: 833-851.

PAS E I, 1984. The effect of selected sociodemographic characteristics on daily travel-activity behavior[J]. Environment planning A, 16 (5): 571-581.

PIATKOWSKI D P, MARSHALL W E, 2015. Not all prospective bicyclists are created equal: The role of attitudes, socio-demographics, and the built environment in bicycle commuting[J]. Travel behaviour and society, 3 (2): 166-173.

PINJARI A R. Generalized extreme value-based error structures for multiple discrete-continuous choice models[J]. Transportation research part B: methodological, 2011, 45 (5): 474-489.

PRIMERANO F, TAYLOR M A, PITAKSRINGKARN L, et al., 2008. Defining and understanding trip chaining behaviour[J]. Transportation, 35 (1): 55-72.

PUTMAN S, 1991. Integrated urban models[M]. London: Pion Limited.

QIN B, HAN S, 2013. Planning parameters and household carbon emission: evidence from high- and low-carbon neighborhoods in Beijing[J]. Habitat international, 37: 52-60.

RODRÍGUEZ D A, BRISSON E M, ESTUPIÑÁN N, 2009. The relationship between segment-level built environment attributes and pedestrian activity around Bogota's BRT stations[J]. Transportation research part D: Transport and Environment, 14 (7): 470-478.

RONIS D L, 1989. Of repeated behavior[J]. Attitude structure and function (3): 213-228.

ROSENBERG M J, HOVLAND C I, 1960. Cognitive, affective, and behavioral components of attitudes[J]. Attitude organization and change (3): 1-14.

SALEH W, FARRELL S, 2005. Implications of congestion charging for departure time choice: work and non-work schedule flexibility[J]. Transportation research part A: policy and practice, 39 (9): 773-791.

SCHWANEN T, MOKHTARIAN P L, 2004. The extent and determinants of dissonance between actual and preferred residential neighborhood type[J]. Environment and planing B, 31 (5): 759-784.

SCHWANEN T, MOKHTARIAN P L, 2005. What if you live in the wrong neighborhood? The impact of residential neighborhood type dissonance on distance travelled[J]. Transportation research part D, 10 (2): 127-151.

SCHWARTZ S H, 1978. Temporal instability as a moderator of the attitude-behavior relationship[J]. Journal of personality and social psychology, 36: 715.

SCHERBAUM C A, FERRETER J M, 2009. Estimating statistical power and required sample sizes for organizational research using multilevel modeling[J]. Organizational research methods, 12 (2): 347-367.

SCHWANEN T, KWAN M P, REN F, 2008. How fixed is fixed? Gendered rigidity of space-time constraints and geographies of everyday activities[J]. Geoforum, 39 (6): 2109-2121.

SCHUMAN H, JOHNSON M P, 1976. Attitudes and behavior[J]. Annual review of social science: 161-207.

SCOTT D M, KANAROGLOU P S, 2002. An activity-episode generation model that captures interactions between household heads: development and empirical analysis[J]. Transportation research part B: methodological, 36 (10): 875-896.

SELIGMAN C, KRISS M, DARLEY J M, et al., 1979. Predicting summer energy consumption from homeowners' attitudes[J]. Journal of applied social psychology (9): 70-90.

SETTON E, KELLER C P, CLOUTIER-FISHER D, et al., 2010.Gender differences in chronic exposure to traffic-related air pollution—A simulation study of working females and males[J]. The professional geographer, 62 (1): 66-83.

SHIFTEN Y, 1998. Practical approach to model trip chaining[J]. Transportation research record, 1645: 17-23.

SINGLETON R A, STRAITS B C, STRAITS M M, 2005. Approaches to social sciences[M]. New York: Oxford University Press.

SNIJDERS T, 2005. Power and sample size in multilevel linear modeling[M]//EVERITT B S, HOWELL D C. Encyclopedia of statistics in behaviroal science, Vol. 3. Chicester: Wiley: 1570-1573.

STEVENS M R, 2017. Does compact development make people drive less?[J]. Journal of the American Planning Association, 83: 7-19.

STRATHMAN J G, DUEKER K J, DAVIS J S, 1994. Effects of household structure and selected travel characteristics on trip chaining[J]. Transportation, 21 (1): 23-45.

SUN B，ERMAGUN A，DAN B，2017. Built environment impacts on commuting mode choice and distance：evidence from Shanghai[J]. Transportation research part D，63：11-21.

SWAIT J，2001. Choice set generation within the generalized extreme value family of discrete choice models[J]. Transportation research part B，35（7）：643-666.

TALVITIE A，1997，Things planners believe in，and things they deny[J]. Transportation，24（1）：1-31.

TITZE S，STRONEGGER W J，JANSCHITZ S，et al.，2008.Association of built-environment，social-environment and personal factors with bicycling as a mode of transportation among Austrian city dwellers[J]. Preventive medicine，47（3）：252-259.

TOBLER W A，1970. A computer model simulating urban growth in the Detroit region[J]. Economic geography，46（2）：234-240.

TROPED P J，TAMURA K，MCDONOUGH M H，et al.，2016. Direct and indirect associations between the built environment and leisure and utilitarian walking in older women[J]. Annals of behavioral medicine，51（2）：282-291.

VAN ACKER V，VAN WEE B，WITLOX F，2010. When transport geography meets social psychology：toward a conceptual model of travel behavior[J]. Transport reviews，30：219-240.

VAN ACKER V，WITLOX F，2011. Commuting trips within tours：how is commuting related to land use? [J]. Transportation，38：465-486.

VAN DE WALLE S，STEENBERGHEN T，2006. Space and time related determinants of public transport use in trip chains[J]. Transportation research part A：policy and practice，40（2）：151-162.

VAN DE COEVERING P P，MAAT C，KROESEN M，et al.，2016. Causal effects of built environment characteristics on travel behavior：a longitudinal approach[J]. EJTIR，16（4）：674-697.

VAN DE COEVERING P，MAAT K，VAN WEE B，2018. Residential self-selection，reverse causality and residential dissonance：a latent class transition model of interactions between the built environment，travel attitudes and travel behavior[J]. Transportation research part A：policy and practice，118：466-479.

VEGA A，REYNOLDS-FEIGHAN A，2009. A methodological framework for the study of residential location and travel-to-work mode choice under central and suburban employment destination patterns[J]. Transportation research part A，43（4）：401-419.

VERMUNT J K，MAGIDSON J，2013. Technical guide for Latent GOLD5.0：basic，advanced，and syntax[M]. Belmont，MA：Statistical Innovations Inc.

VOVSHA P，1997. The cross-nested Logit model：application to mode choice in the Tel-Aviv metropolitan area[J]. Transportation research record，1670：6-15.

WAFAA S，2005. Implications of congestion charging for departure time choice：work and non-work schedule flexibility[J]. Transportation research part A，39：773-791.

WALLACE B，MANNERING F，RUTHERFORD G S，1999. Evaluating effects of transportation demand management strategies on trip generation by using Poisson and negative binomial regression[J]. Transportation research record，1682：70-77.

WALLE S V，STEENBERGHEN T，2006. Space and time related determinants of public transport use in trip chains[J]. Transportation research part A：policy and practice，40（2）：151-162.

WANG D，LIN T，2014. Residential self-selection，built environment，and travel behavior in the Chinese context[J]. Journal of transport and land use，7（3）：5-14.

WEBER J，KWAN M P，2003. Evaluating the effects of geographic contexts on individual accessibility：a multilevel approach[J]. Urban geography，24：647-671.

WEINER B，1995. Judgments of responsibility：a foundation for a theory of social conduct[M]. New York City：Guilford Press.

WEN C，KOPPELMAN F S，2001. The generalized nested Logit model[J]. Transportation research part B，35（7）：627-641.

WICKER A W，1969. Attitudes versus actions：the relationship of verbal and overt behavioral responses to attitude objects[J]. Journal of social issues，25：41-78.

WINTERS M，BARNES R，VENNERS S，et al.，2015. Older adults' outdoor walking and the built environment：does income matter? [J]. BMC public health，15（1）：876.

YANG L，SHEN Q，LI Z，2016. Comparing travel mode and trip chain choices between holidays and weekdays[J]. Transportation research part A，91：273-285.

YE X，PENDYALA R M，GOTTARDI G. 2007. An exploration of the relationship between mode choice and complexity of trip chaining patterns[J]. Transportation research part B：methodological，41（1）：96-113.

ZHANG M，KUKADIA N，2005. Metrics of urban form and the modifiable areal unit problem[J]. Transportation research record，1902：71-79.

ZHAO J，WANG J，DENG W，2015. Exploring bike-sharing travel time and trip chain by gender and day of the week[J]. Transportation research part C：emerging technologies，58：251-264.

ZHAO P，2013. The impact of the built environment on individual workers' commuting behavior in Beijing[J]. International journal of sustainable transportation，7（5）：389-415.

ZHAO P，ZHANG Y，2018. Travel behavior and life course：examining changes in car use after residential relocation in Beijing[J]. Journal of transport geography，73：41-53.